The Leadership Gap

What Gets Between You and Your Greatness

領導者的七種原型

克服弱點、強化優點，
重新認識自己，
跨越領導力鴻溝！

Lolly Daskal
洛麗・達絲卡｜著

戴至中｜譯

（原書名：領導者的光與影）

經營管理 160

領導者的七種原型：

克服弱點、強化優點，重新認識自己，跨越領導力鴻溝！
（原書名：領導者的光與影）
The Leadership Gap: What Gets Between You and Your Greatness

作　　者 —— 洛麗・達絲卡（Lolly Daskal）
譯　　者 —— 戴至中
校　　對 —— 呂佳真
封面設計 —— 陳文德
內文排版 —— 薛美惠
責任編輯 —— 文及元
行銷業務 —— 劉順眾、顏宏紋、李君宜

總 編 輯 —— 林博華
發 行 人 —— 涂玉雲
出　　版 —— 經濟新潮社
104 台北市民生東路二段 141 號 5 樓
電話：(02)2500-7696 傳真：(02)2500-1955
經濟新潮社部落格：http://ecocite.pixnet.net

發　　行 —— 英屬蓋曼群島商家庭傳媒股份有限公司城邦分公司
台北市中山區民生東路二段 141 號 11 樓
客服服務專線：02-25007718；25007719
24 小時傳真專線：02-25001990；25001991
服務時間：週一至週五上午 09:30-12:00；下午 13:30-17:00
劃撥帳號：19863813；戶名：書虫股份有限公司
讀者服務信箱：service@readingclub.com.tw

香港發行所 —— 城邦（香港）出版集團有限公司
香港灣仔駱克道 193 號東超商業中心 1 樓
電話：25086231 傳真：25789337
E-mail: hkcite@biznetvigator.com

馬新發行所 —— 城邦（馬新）出版集團 Cite(M) Sdn. Bhd. (458372 U)
41, Jalan Radin Anum, Bandar Baru Sri Petaling,
57000 Kuala Lumpur, Malaysia.
電話：(603) 90578822 傳真：(603) 90576622
E-mail: cite@cite.com.my

印　　刷 —— 漾格科技股份有限公司
初版一刷 —— 2020 年 1 月 2 日
二版一刷 —— 2022 年 9 月 6 日
ISBN：9786269615391、9786267195000 (EPUB)

售價：380 元　　Printed in Taiwan

獻給我摯愛的三個孩子米凱拉（Michaela）、艾芮兒（Ariel）和柔伊（Zoe），
她們每天都在示範，躋身於傑出是什麼意思。

目錄

推薦序

誠實面對你與傑出之間的差距

文／馬歇・葛史密斯（Marshall Goldsmith）

面對不確定時，大部分的人都會重拾以前一向對自己管用的方式。可是這套策略失靈時，會發生什麼事？接下來會怎樣？萬一沒有前例可循呢？

洛麗・達絲卡引人深思的著作就是在引導領導者穿越這些未知的水域，為他們提供了解自身性格的評量指標，以及為所走上的旅程精巧領航的工具。憑藉她數十年來研究對商業脈絡中人類行為的經驗，洛麗創造出了獨特的方法，並且歸納出領導者必然會在自己身上看到的七種領導原型：反骨者（rebel）、探索家（explorer）、吐實者（truth teller）、英雄（hero）、發明家（inventor）、領航員（navigator）與騎士（knight）。

洛麗以專家之姿觀察到，在人生和職涯的不同時點上，我們各自都會採用這些代表人物中的某一種或全部。身為與許多有力人士共事過的主管教練，我發現我個人對洛麗的見解頗有共鳴。我認清了自己是天生的吐實者！

本書中的原型為更深的覺察以及最終的成長提供了易懂的構念。對試圖提升績效的領導者來說，了解自己在什麼時候以及為什麼會體現哪個角色具有巨大的價值。分別以這些原型來看自己，將有助於把所做的事發揮到淋漓盡致，並在相形之下學到自己往往是在哪裏和為什麼會失敗。有「領導力鴻溝」就會阻礙成功，連才華洋溢的主管也一樣。到了本書的尾聲，各位就會知道自己是哪一類，並學到要怎麼把它發揮出來。

這種指引有實際的需求。在她當教練的廣泛經驗中，洛麗看到領導者在「自己是誰」上固守著過去的版本，並堅持它還是對自己派得上用場，連有清楚的相反證據也一樣。我在多年來的工作中，都不停地勸人，只因為某事在過去對領導者管用，不代表它將來就會管用。我警告說，使領導者爬到層峰的戰術，或許正是阻擋他們一路晉升到頂的原因。

身為領導者，我們對於領導力的理想境界和實際情形都有落差，而且並不容易認清鴻溝的存在，因為它與推進我們成功的那些才華和技能總是緊緊相依。但謙虛和脆弱是傑出領導的正字標記，而且面對陰影面的現實最終會有助益。好例子可參閱洛麗在本書中第一章所輔導一位主管的故事，他隱藏了早年在學測作弊的事。

靠著洛麗在本書中所提供的輔導指引，各位可以盡量坦承自己不知道什麼，並重新思考自己的本能。各位會受到激勵質問自己，而對習慣展現長處的人來說，這有時候會很難。領導者可盡量把自己視為不是需要矯治的失敗者，而是發現自己有潛力變得更好的成功人士。在洛麗的構思裏，認清英勇的原型將為各位帶來成功：反骨者、探索家、吐實者、英雄、發明家、領航員和騎士，深具說服力的細節則會在全書中描述。

學習如何擁抱領導原型，並正視領導力鴻溝。要躋身於傑出，我想不到有更好的辦法了。

前言

別害怕傑出：有些人是生而傑出，有些人是成就傑出，有些人是被硬塞了傑出。

——莎士比亞，《第十二夜》(*Twelfth Night*)

我坐在美國最有權勢之一的執行長對面。光可鑑人的柚木會議桌另一頭有一面大窗，透過這面窗我可以看到無邊的藍天，遠處則有船隻在曼哈頓周圍的水路上漂浮。但我去那裏不是為了在富麗堂皇的董事會議室欣賞風景。執行長很苦惱地打了電話給我。他的董事會一團亂，他邀請身為主管教練的我出席這場會議提供解方，愈快愈好。

執行長所關切的問題是董事的動向。在過去的幾個月間，他們因不停爭吵而變得失能。這個對手團隊固然一向都有政治角力，但走勢已從有助益的辯論轉向極度失調。董事會意見無法一致，使執行長有效率地經營公司的能力受到負面影響。

我默默地坐著，觀察董事會開會時的互動情形。八位有成就與聲望的主管圍著桌子就座，這八人都是各自領域的領導者（為利於清晰與連貫，我在本書通篇都是用單數代名詞「他」和「他的」。不過，它是為了保持性別中立。這些原則對男女同等適用），每個人都有多年的經驗和敏銳度。過沒幾分鐘，我就能看出問題的根源了。

他是李察。

這位特定的董事本身就是備受推崇的執行長，李察所開的科技公司接到大量政府合約。他精於財務是眾所周知；他在市場上賺到了大錢，而且他把公司賣掉時，據報導個人身價暴增到數億美元。

很清楚的是，李察有優異的能力來解決複雜的策略問題，並迅速且務實地做決定，是他成為受人信任的執行長數十年下來所磨練出的技能。但他一發言，在董事會議室裏所激起的憤慨就變得清晰可辨。有人對他發問時，他的回答都很簡短、省話和直白。事實上，他在回應別人時，最常說的三個字就是不帶感情的「我知道」。

有鑑於他的成功與聲望，我確信他**真的**知道。但他顯然是在聽到問題前就回答了，並讓人覺得好鬥又自負。他在自己和董事會之間製造了鴻溝，而且他的態度削弱了同仁之間的團隊合作精神。

我很快就認清，李察所碰到的是表現出色的人在力爭上游時，自己鮮少會正視的問題，但一定要面對。它是一個連我所共事過的一些最成功的執行長，都從未料到會出現的問題，所以不曉得要怎麼化解。

問題在於有朝一日，曾經把他們往上推進的特質，突然之間就不管用了。更糟的是，曾經幫助他們出人頭地的特質竟然開始跟他們作對。又一段閃亮的職涯突然中止，又一位凌空高飛的主管跌回人間。

就在這一刻，領導者所正視的是至關重要又非常難受的問題：萬一我自認知道的事情裏，存在著落差（鴻溝）呢？

後來，我有機會跟李察私下談話時，從中了解他雖然當了幾十年執行長，卻從來沒進過公司的董事會。他的半退休生活變得無聊，並很想再次感受到對人的助益；於是他讓眾人知道，他願意把專長和經驗貢獻給董事會。邀約也蜂擁而來。

李察是一個善於交際的人，對自己的顯赫職涯深感自豪。他愛談自己戰功彪炳的輝煌歷史。他的策略與執行力聞名執行長圈，而且在我們頭幾次會談時，我留意到他說話時，總是以「我向來的做法是……」開頭。

我以前就多次見過李察在領導作風上的實況。他完美體現了我稱之為「領航員」（navigator）的原型：務實、果斷、知識淵博、受人信任。不過，領航員可能會形成領導力鴻溝，浮現出來就會使領導者變得不願意坦承，自己並沒有全部的答案。然後領航員就會變成「矯治者」（fixer）：浮躁、自負又任性。李察就是變成了矯治者。

身為執行長，李察有四十多年辨認問題並迅速提出解方的經驗，所以他自然會繼續做下去。但李察未能意會到的是，以果斷的指示來領導大型組織（也就是告訴人們要做什麼）是使他成功的技能，如今卻再也派不上用場了。李察的專長是董事會所需要，但他的性格並不是他們所想要。他的領導力鴻溝蓋過了他的專長，他的自負也日益變得讓人受不了。很可惜的是，李察對於自己的鴻溝是如何影響了他的新職位或董事會成員，毫無頭緒。

我想要幫助李察看到自己的領導力鴻溝，並把他輔導成為受人尊敬和信任的領導者。雖然李察或許察覺到了情況不對勁，但他仍固守著自己的信念，**因為那就是對他一向管用的方式**。曾使他成功的技能現在怎麼可能會跟他作對？他拒絕接受自己的領導作風變得無效，或者被認為自己是在逞強。他沒有興趣傾聽或學習。

這是幹勁十足、成就超標的領導者天天都會犯的錯。憑著一己所知的基礎，他們坐上最高的職位。但到了某個時候，他們就必須重新思考每件事並自問：「『我是誰』和『我想成為誰』之間的鴻溝是什麼？」以及「我知不知道自己還需要學什麼？」

李察並沒有重新思考，自己的行為給人的觀感是如何。他反而固守著過去使他成功的方式，而矛盾地使他成了自身成功的陰影。他的失敗並不是因為缺乏技能、經驗或機會，而是他的自負毀了他。

李察奉命離開了董事會。

學習認清自己「我是誰？」和「我想成為誰？」之間的領導力鴻溝，是決定領導者傑出與否的因素。

不認清，就會使你滅頂。

> 重要的是，不要停止質問。好奇心自有它存在的理由。
>
> ——愛因斯坦（Albert Einstein）

我在嚴格的正統尤太社區裏長大，各方面都受限於規定的習俗、特定的信仰、精確的思考方式、鄰里範疇。在教導中提出質問都是不容接受的放肆。我卻是鍥而不捨地問：「為什麼……？」「怎麼會……？」「萬一……？」而答案並沒有餵飽我的好奇心，甚至是壓根就沒餵。我知道假如要找到答案來滿足內心的好奇，就必須把自己知道什麼的鴻溝給填平。

接著在青少年時，我找到了自己的個人智慧寶庫：曼哈頓上城西區的書店，名叫莎士比亞公司（Shakespeare & Co.）。

我成了店裏常客，並和在那裏工作的愛書人交流想法與好奇。我的世界突然打開了。我永遠忘不了那天，有人向我介紹維克多．弗蘭克（Viktor Frankl）的作品。在《活出意義來》（*Man's Search for Meaning*；編按：繁中版由光啟文化出版）裏，弗蘭克敘述了他在奧許維茲集中營（Auschwitz）所受的苦難，並親身示範了找到意義、人生意涵的人，就能熬過任何事。這一番見解證實了，我對答案的追尋是美德。我意會到，如果要當個有成的大人，我就必須把童年留在過去，質問自己知道什麼，並重新思考自己是如何看待人生。弗蘭克教導了我，改變不了所處的局面時，我們就必須改變**自己**。他教導了我，對自己所做的每件事都要找出意義；他給了我對未來的希望。

在接下來的幾年，我沉浸在其他許多傑出思想家的作品中，並挑戰了我的信念。像是心靈學家榮格（Carl Jung）就教導了我，心智的內在運作會激發和控制行為。他的**原型**觀念（指的是我們行為模式的代表人物），至今持續在影響我的工作。在此引述榮格的話：

> 綜觀各世紀，在世界各地的文化中，神話與象徵都相似得不得了……形式則是原型，以象徵來當成行為模式的組織形式。我們各自都是生來就具有天生的傾向會使用這些原型來理解世界。

我向榮格學到了反思和自我覺察的動機，傾聽本性，以及奮力不懈地追求知識。多年來，我都把他的話列在我的網站上，而且至今仍是自有訊息的核心：

> 唯有能看進自己的心，視野才會變得清楚。往外看的人會做夢；往內看的人會覺醒。

接下來有說故事的高手喬瑟夫．坎伯（Joseph Campbell），他的著名主張是「無論從哪裏起源，神話幾乎都有相似之處」。坎伯對我的思考方式影響巨大，而且他的作品在我的輔導作業中成了關鍵的一環。「要往下走進深淵，我們才會找回人生的寶藏。你在哪裏跌倒，那裏就會有你的寶藏。」他寫道。[1] 依我所理解，它是指就算事情不是照你所想的方式進行時，你還是能找到自己的寶藏。

但坎伯使我最有共鳴的話是這句話：「我們必須放下所規畫的人生，以便去接受在等待我們的人生。」[2] 我規畫的人生肯定不是當主管教練和商業顧問；但在多年的發問、尋找答案及熱切研究心理學和人類心智的潛力後，我便受到了這份工作所吸引。

在我協助全球企業層峰邁向成功的幾十年間，我發展出了理性的輔導作風、有意義的哲學，以及可落實的方法。我的取向本質是奠基於我所看過的七種領導原型實況，以及在領導力鴻溝的陰影中所潛伏的傑出風險。

反骨者（rebel）：受信心驅使，所變成的是冒牌貨（imposter），受到自我懷疑所折磨。

探索家（explorer）：受直覺帶動，所變成的是剝削者（exploiter），是操縱高手。

吐實者（truth teller）：擁抱坦率，所變成的是騙徒（deceiver），而造成猜疑。

英雄（hero）：體現出勇氣，所變成的是旁觀者（bystander），是徹頭徹尾的懦夫。

發明家（inventor）：充滿了誠信，所變成的是毀壞者（destroyer），道德腐化。

領航員（navigator）：信任人也受人信任，所變成的是矯治者（fixer），無比自負。

騎士（knight）：忠誠就是一切，所變成的是傭兵（mercenary），長此以往都私心過重。

我們各自的內在都有互斥的兩面、兩極的性格，但只有一面會通往傑出。無論我們變得有多成功，假如想要繼續對世界產生正面的衝擊並加以改造，我們就必須不斷重新思考驅使我們的本能。

> 說到底，我們問自己的問題決定了我們會變成什麼樣的人。
>
> ——李奧·巴伯塔（Leo Babauta，譯注：美國創業家暨作家）

我的工作使我必須花無數個小時在董事會議室、行政套房和公司專機上。我和商界一些最傑出的人士密切共事，並驚嘆於他們的才華與專長。這些領導者對我吐露心事，跟我大聊挑戰，並對我細數希望和恐懼。我輔導的領導者有各種作風和各種局面，從幕後的爆炸性危機到慶祝記者會。而在仔細觀察了多年後，我辨認出了把最佳和其餘劃分開來的領導力鴻溝：傑出的領導者有能力重新思考自己是誰——身為領導者，他們樂於學習、改變與成長。

我相信，每個層級和每個職位的領導者，都有責任自問：「我是以『誰』的身分在領導？」只有堅定的領導者才會把「追求實情」納入領導力的標準，並不是人人都能達到這點。願意踏上內在旅程去找出「是什麼在推進自己」的人，實際上寥寥無幾。

並不是缺乏技能或機會，阻止這麼多領導者達到他們所嚮往的傑出，而是他們去依賴一向對他們管用的方式，即使它早已不再管用了也一樣。但要非常特殊的人，才會承認自己的脆弱，並找到自己的領導力鴻溝。傑出的領導者會比以往更加想要知道，在「對了這麼久」之後，事情為什麼會「開始出錯」。

人們自然會去向領導者問答案，而使領導者對「給答案」這件事情感到壓力。但傑出的領導者知道，自己不需要有全部的答案。在領導上，更重要的是發問、避免自行認定，以及停下來重新思考眼前的局面。假如你是致力於成長與成功的領導者，在「你是誰」和「你知道什麼」出現鴻溝時，能夠自我覺察就至關重要。身為領導者，你必須對質問自己的舉動感到自在。當你停止質問自己時，你就會停止學習。而當你停止學習時，你就會停止領導。

本書是寫給那些寄望持續成功，並意會到自己還有很多事情要學習的人。它是設計來幫助各位認清推進自己的力道，並了解到自認知道的事可能正在削弱自己。本書將幫助各位成為更好的問題解決者、更好的領導者和更好的凡人。它將幫助各位把領導力鴻溝發揮出來，並找到自己的傑出之路。

本書的基本元素是經過驗證的系統，全球各地的領導者都能加以精通並應用在自己的領導作風與生活上。本書揭露了在我們思考什麼和如何行動上，自然發生的模式會如何培育出我們的潛力。它展示了最傑出的領導者是如何鍥而不捨地發問，重新思考自己知道什麼，並有意識地加以選擇，而它也說明了我們可以從中學到什麼。

傑出的領導者會改變周遭的世界。但我向各位保證，他們是從改變內在的事物做起。我在這裏就是要當各位的私人教練，陪同各位踏上這段旅程。在這些篇幅裏，我會直接對各位訴說，以謙虛的態度來為各位服務，幫助各位辨認自己的領導力鴻溝並加以發揮，來成為心之所向最傑出的領導者與最好的人。使你的人生和工作變得更有意義，就是**我**的志業。

洛麗・達絲卡

第一章

驚人的領導力鴻溝

傑出就卡在「我在哪」和「我想在哪」之間的鴻溝。

我的客戶多是高階主管，當他們找我輔導時，普遍都是針對所處局面中特有的許多領導、管理和策略挑戰，要我就某一項來幫助他們。我指點過的主管幾乎是各行各業都有，科技、貨運、消費品、藥品、金融，不一而足，而且我所碰到的每個局面都很獨特。

我所共事的領導者都是聰明、善良，甚至渴望權力，一切俱足的人們。有些人是某一項特質出類拔萃，然而另一項偏弱。這很自然，凡人皆是如此。我當教練的職責就是要整合主管的所有特質，強弱都要，以幫助他成為更均衡的領導者。

我有客戶是解決製造問題的高手，卻無法解決人們的衝突。我共事過的傑出夢想家無法實行計畫來達成目標。我有客戶是風靡全場的公開演說家，卻十分拙於傾聽。各個領導者都有自己的生存之道，但是功成名就的人會逐漸了解，傑出的領導有許多面向，而且全都必須經過培養。傑出的領導者會學著去拓展才華，並充實不足之處。

才華洋溢的領導者全都具備的共通之處，就是對自己所做的事很擅長，而且全都想要變得傑出。所以最終來說，我的職責就是要幫助他們辨認出，是什麼在他們和傑出之間形成了阻隔，我則把它稱為**領導力鴻溝**。

我所共事的領導者有許多是靠著某一項專長或才華而晉升到主管的角色，卻沒有意會到成功的領導有賴於很多方面。我幫助他們去重新思考自認知道什麼，並點出他們不知道什麼，以藉此培養他們從未想像過自己需要的技能。我知道要怎麼一眼看出有傑出領導潛力的人：他們是拒絕故步自封的人。他們意會到自己「我在哪」和「我想在哪」之間有道鴻溝，並願意重新思考自己「不知道什麼」，以克服這道鴻溝。

我看到我和客戶所運用的技巧改變了生活，並想要引導各位怎麼應用這些技巧，來改變自己的生活。

我所服務的客戶，他們常常發現自己處在難以置信的棘手情境中，或許只是沒有好的解方而已。身為他們的教練，我會幫助他們尋找釐清千頭萬緒的智慧，為他們所做的事注入意義，並為他們帶來希望。有些客戶要負責成千上萬人，各個都有自身的需求和問題需要關注。無論主管變得多成功或飛得多高，我們都必須記住，領導是一種特權。

如弗蘭克所解釋，我們從不停止寄望事情會變得更好：「人的每樣東西都拿得走，除了一樣：人類的最後自由——在任何一套既定情境下選擇自己的態度，選擇屬於自己的方式。」[1]他了解一旦局面再也改變不了時，我們就得迎接挑戰改變自己。

弗蘭克也了解鴻溝中的智慧。他曾明智地說過：「刺激與回應之間有個空間。我們選擇回應的力量就在這個空間裏。我們的回應裏，則有我們的成長與自由。」[2]

毫無疑問，我的職責就是要幫助客戶在職涯上啟程前往「想去的地方」。我的工作首先是要幫助他們去了解「自己是**誰**」。重點在於不是浮面，而是深入。這代表要他們承認自己在個性中需要隱藏或保密的陰暗面。這些是從恐懼、無知、羞愧或拒絕中所創造和培育而來。我們一起尋找的鴻溝，阻止了他們成為「理想中的自己」。榮格把這道鴻溝稱為**陰影**——「你不想成為的那種人」。

為了領導者能夠從「我在哪」轉換到「我想要在哪」，我會幫助他們**重新思考**自己「知道什麼」。我達成這點的技巧可以透過一套受榮格所啟發的領導原型來了解。我的原型系統讓人容易客觀看待自己。一旦看清，你就會覺察到不僅要辨認出自己的領導力鴻溝，還要發自內心把這些鴻溝發揮出來並朝傑出邁進。你會有本事去重新思考自己知道什麼、相信什麼，以及你所謂的實情是什麼。原型是本書的軸心，並將使各位能以從未想像過有可能的方式來了解自己和自己的領導作風。

很重要的是要表明，我不相信任何人都有一套固定的特徵是服服貼貼地安在原型裏。人類是許多部分的獨特組合，整個人是由內含的兩極性所創造出來。我把領導作風視為處在不斷移動和改變狀態的弧線，我們會依照局面從一種作風轉換到另一種。但在某種時候，在某種情境下，我們往往會反覆向同樣的原型代表人物靠攏。情況或許是如此，但我們實際上是所有原型的混合體。

以吐實者原型為例，假如你是重視實情的人，不斷說實話的結果，或許就會感覺起來彷彿是你內在的力道。而假如你是像麥可這樣，那以實情來領導就不容商榷。

麥可很有成就，是個成功人士。假如問有什麼事是為麥可效力的人都知道的，那就是他對說謊的人是零容忍。他們都知道**這件事**的原因，是因為麥可一天到晚把它掛在嘴邊。他常狂批說謊是多大的錯，以及他是如何絕不會這麼做。麥可不知道的是，這可把他身邊的人給搞瘋了。

當麥可有一天發現，組織裏有很多人不但不欣賞他的極度誠實，反而想要對他敬而遠之時，他非常震驚。他無法理解為什麼只因為他的標準這麼高，眾人就覺得他難搞；於是他便向我尋求建議。

「我不確定該怎麼做才對，」他說，「有高標準不是好事嗎？為什麼他們並不尊敬我？」

我對麥可解釋說，他把對說謊的人零容忍視為高標準，因而在他和團隊、公司及生活中的其他重要關係間，形成了鴻溝。

當然，這不是麥可想要聽到的反饋，並使他感到沮喪。「我致力於以非常誠實和實在的方式來經營事業。我不會說謊，」他堅決地說：「即使我的實在有時會使我在事業上吃虧。」

領導力鴻溝看不見又摸不著，尤其是對陷入其中的人來說。我知道我需要讓麥可以從未有過的方式來看待自己，使他能重新思考不僅是自己在說什麼，還有自己在做什麼和為什麼。

我首先針對他的成功來對他發問。他有許多很棒的故事，一則比一則精彩。然後我問了他的過去，什麼地方顯得獨樹一格，以及是什麼促使了他的成功。麥可的回答都是聚焦於自己的榮耀，他是如何不惜一切代價來避免說謊，以及他相信就是因為不說謊，他才會在事業上所向披靡。對麥可來說，誠實是至高無上的美德。

等到他對我變得比較自在並卸下心防時，我對麥可提了另一個問題。

「你在人生中有過說謊的時候嗎？」我問道。

起初他只是面無表情地盯著我。但接著他的眼神馬上就變得比較殺，肢體語言像是對我咆哮：「你怎麼敢用這種方式跟我說話？」

但在漫長的停頓後，麥可回答了。

「我一直想當律師。就我記憶所及，我總會告訴每個人，我會當上律師。可是我在高中時並沒有好好念書。我自以為搞得定，因為每個人都說我有多聰明。我在內心深處知道，假如我願意加把勁，我就會做得很好，可是我從來都沒有。高中念完時，成績單上顯示出我缺乏努力。我知道自己麻煩了。事情要有轉機的最後機會，就是把學測考好，這樣我就上得了好的大學和法學院，到最後成為夢寐以求的律師。」

「可是我知道，我沒辦法在短短幾個月內，就學會我在高中四年期間所忽略掉的全部內容。此時有個我無法抗拒的機會來了。有人偷了學測的考卷。我用它來為自己備妥了完全正確的答案。我的高分把每個人都嚇了一跳，包括我在內。我慚愧又驚恐。而當我被叫去校長室詢問，我怎麼會考得這麼好時，我說謊了，撒了一個大謊。」

他把目光從我身上移開，並在另一段漫長的停頓後，再次與我目光交會，「我從來沒有向任何人提起。」

我們默默坐了片刻，此時麥可恢復了鎮靜，「那天在校長室，我向自己保證，假如逃過了這一劫，我再也不會說謊了。」

我觀察到麥可重拾自尊，「到現在超過四十七年了。我都把這個保證放在心上。我是誠實的人，而且我是把永遠都吐實當成大事。」

麥可的領導力鴻溝就在那裏，在他前面。我們兩個都看得到。

他對自己說謊了四十七年。

因為你明白，你沒擺平的就會把你給擺平。麥可自以為平息了謊言，但它其實長年都在摧殘他，他卻看不出來。

吐實成了麥可的強烈信條，而妨礙了他與人們連結的能力。但最有甚者的是，他把實情排在其他一切之前的方式在他和別人之間造成了鴻溝。對他來說，這番見解完全有違直覺。

麥可老是抱怨遭到誤解。儘管擁有一切的成就，他卻從不滿意自己的生活。他害怕親密關係，並與朋友保持距離，以確保他們永遠不會發現他的祕密。他認為自己的高標準值得推崇，但在現實上，不斷在警戒卻使他精疲力竭並與別人疏離。麥可深怕有任何人發現他的魯莽，於是避免與人親近。人們並不喜歡他，但謊稱麥可對他們有正面的影響，進而造成毀滅式的惡性循環。

釐清之後，麥可說他是長久以來第一次感覺不錯。他沒有意會到自己是如何壓抑了過去，或是如何把它扛在了身上。

「我看得出來，你並沒有批判我。」他說。

「對。」我告訴他。

畢竟我去那裏並不是為了糾正他，但我也不會讓四十七年前的謊話繼續糾纏他。我向麥可擔保，沒人能做到他的標準，因為**每個人**都會在某種時候說謊。

到了隔週，麥可和我在輔導課上見面時，我留意到他看起來對自己比較放鬆了。

「洛麗，不知道為什麼，但我覺得輕盈與輕鬆多了，」他說，「我看到了以前沒看到的事。我在交談時比較輕鬆，會跟人們連結，並且覺得比較投入。你做了什麼？」

我對麥可解釋說，他會覺得比較輕盈的原因，是因為在我們的生活中造成鴻溝的祕密會壓著我們，使我們彷彿是扛著石頭。「想像我把葡萄柚交給了你，」我告訴麥可，「然後要你把它拿去別的地方，這樣就沒有人會看到它。拚命努力去不斷拿著葡萄柚會很棘手，但把它藏起來會更難。你的祕密就是這麼累贅。而且長年下來，它就在『你是誰』這件事情上出現落差和鴻溝。」

我繼續說：「可是當你容許自己把葡萄柚拿給某人看時，它就會讓你鬆一口氣，而且它會幫助你覺得比較輕盈、比較快樂和徹底解放。藉由跟我分享故事，你不但卸下了最大的擔子，現在還能看到自己所造成的鴻溝，並且能把這些知識發揮出來，以達到傑出。」

我們的樣貌不僅在於所想的事，還有所隱藏的事。而且我們全都有感到慚愧的事。局面不見得有麥可這麼多年來隱忍的事來得嚴重，但我們全都有只對自己說的故事，並使自己覺得脆弱、憤怒，甚至是害怕。這些祕密和模式便造成了我們的領導力鴻溝。

麥可一旦卸下說謊的擔子，他就能停止以強調實情來對它過度補償。他就能選擇更有人性與同理心。只要是人，就會犯錯。

我們一起努力讓麥可學會了接受自己所有光榮的不完美。在短短一個月後，麥可已經變成了好上許多的人和更傑出的領導者。在團隊和公司裏的每個人眼中，改變是清晰可見。但比什麼都要緊的是，麥可很感激，因為他現在可以真切到前所未有的地步。

真實是傑出的第一步。

凡人永遠不會完美，但我們可以是最佳版本的自己。而要成為最佳版本的自己，方法就是認清自己的領導力鴻溝，以新的方式把知識發揮出來，並躋身於傑出。

它事關要學習自己是誰的兩面——對自己派得上用場的那一面，以及看似有用卻會幫倒忙的那一面。

身為領導者，我們各自都必須正視本身的領導力鴻溝，尤其是在焦慮、沮喪或備受壓力時。在我擔任主管教練和顧問的多年當中，我發現這些根本的實情是真的：

我們全都能躋身於傑出。每個人呱呱墜地時，都是帶著健康的情緒系統。我們來到這個世上，沒有恐懼，也沒有羞愧。我們不會去評判自己的哪些部分好、哪些部分壞。我們反倒會夢想去做大過自己的事，我們會有念頭、思想、願景、希望。有些人的理想比別人的要大，但我們全都對自己有很棒的願景。直到在沿途的某個地方，這些願景遭到稀釋為止。也許是老師叫你笨蛋；家長說你可以做得更好；惡霸嘲笑你；運動教練說你不夠格。那樣的訊息不管是什麼，你都聽到了並把它內化。你把訊息奉為圭臬，並因為這樣而認為自己無法躋身於傑出。

我們會把鴻溝內化。在我們學會要把什麼過濾掉和把什麼留下來之前，領導力鴻溝就產生了，而且我們會照單全收，包括每則負面、挫敗、悲觀、憤世嫉俗、宿命、輕蔑的訊息。這些訊息不久後就會成為我們ＤＮＡ的一部分，無論自己是否知道。

負面訊息會造成鴻溝。一旦容許負面訊息成長，它就會有自己的生命。我們會開始去彌補我們認為家人、朋友以及最重要的是自己所不能接受的黑暗面。我們會學著去隱藏我們不想要任何人看到的事，並開始站在自身的陰影下。但我們並不孤單。沒說出口的恐懼、令人驚恐的羞愧、磨人的內疚，這些全都是擋在我們和傑出之間的障礙。

我們的祕密會造成又大又深的鴻溝。當我們活在自己的鴻溝裏時，就會試著去隱藏和否認那些部分，或者甚至更糟的是，會試著去壓抑它。我們的鴻溝通常是由那些令我們非常痛苦、尷尬或討厭，而難以接受的思想、情緒和衝動所構成。於是我們就加以抑制，而不是去應對，只想把它封印在無意識心智的某個地方，希望永遠都不必揭露。但我們對鴻溝不了解的是，我們愈試著隱藏它，它就變得愈寬。想想充飽氣的氣球。當你擠壓一邊時，氣球只會往另一邊增大。人的道理也一樣。

試想……

冒牌貨：不穩定，會打亂你的心智，因為他沒有自信。

剝削者：操縱每個抓到的機會，所以你不知道他到底覺得自己有多麼無能為力。

騙徒：對每個人都猜疑，因為他無法信任自己說實話。

旁觀者：太過恐懼而勇敢不起來，太過保守而冒不了險，太過謹慎而站不住立場。

毀壞者：腐化，寧可看著很棒的點子無疾而終，也不給予好評。

矯治者：自負，是沒人信任的慣性救援者。

傭兵：私心過重，把自己的需要擺在大我（團隊、企業或組織）的需要之前。

覺察到領導力鴻溝，是把傑出給發揮出來的第一步。

當鴻溝控制了我們時，我們就會認為自己迷路了。鴻溝會矇騙我們去以為，自己不值得、不能幹、不夠格。它會誘騙我們去以為，自己達不到所有想要完成的事。但我們沒有意會到的是，我們能把短處發揮出來而去到想去的地方。鴻溝不會使我們迷路；它其實是有助於我們找到路的原則與特質。

只有當我們找出領導力的鴻溝並正視自身的缺點時，我們才能成為真正傑出的領導者。

你必須在領導力鴻溝擺平兩極化。沒有惡就不可能有善，沒有醜陋就無法認清美好，沒有不幸就無緣認識幸福。你所謂的毛病全都可以是最大的資產。諷刺的是，了解自己的短處就是最大的長處。如果要發揮長處，你就必須有自知之明擁抱領導力鴻溝。

為了達到這點，你必須停止假裝「自己是別的樣貌」，而且必須認清「自己到底是誰」，即使它會使你極為難受。但假如你在領導力鴻溝的邊緣站得夠久，你就會看到自己是由許多相反的力道所構成，而且那是刻意為之的兩極化。一旦接受了這點，你就能清除知識上的鴻溝並往傑出躍進。

相信自己能再次躋身於傑出。由於鴻溝中包含了人生劇本的基本特徵，所以你的職責就是要學習什麼是鴻溝的兩極性，以及要怎麼加以整合。你的挑戰則是要從你認為糟糕的部分中找到價值，並重新思考它要怎樣才能對你派上用場。

在《孫子兵法》中，孫子寫道，對敵人必須知己知彼。以領導力鴻溝來說，敵人就是你所不了解或不重視的內在強制力。

只要繼續對於構成「你是誰」的特質否認，傑出就沒你的份。但靠著積極和有目的地認清鴻溝，你就能把它發揮出來而成為心之所向的人，過著心之所向的那種日子，並以心之所向的貢獻方式來貢獻。

各位在後續的篇幅中所發現的見解會教各位，要怎麼使內在生活更豐富、更有意義，並且有更積極的目的。一旦了解並能辨認七種領導原型，你就會有本事去辨認出，要怎麼認清自身領導力的鴻溝。你可以選擇讓鴻溝變得更寬，或是可以力求把它發揮出來，以幫助你成為自己知道所能成為的傑出領導者。

別讓鴻溝絆住了你。

第二章

反骨者

反骨者會看到世上不對的事，然後竭盡全力去糾正。

茱麗葉・高登・羅（Juliette Gordon Low）在一九一二年創立了美國女童軍（Girl Scouts of the USA），它立刻觸動美國女孩的心弦而人氣飆升。羅當初的願景促進了自力更生與臨機應變，使女孩所擁有的不只是傳統的持家角色，在家庭以外也要是活躍的公民。在女性受期待要在傳統家務上全力付出的時代，女童軍鼓勵了女孩也要去考慮科學、商業和藝術方面的專業角色。

到一九一八年時，女童軍的成員躍升到三萬四千人。一九七〇年，成員近四百萬人達到高峰。但一九七〇年代很辛苦，而到一九八〇年時，女童軍則是銳減，成員少了一百萬人。[1]對新生代的女孩來說，該組織變得較不切身與吸引人，它得自謀生路了；女童軍失去了方向。

成員驟減可歸因的事實在於，女童軍與一九七〇年代社會巨變日益脫節。領導力專家莎莉・海格森（Sally Helgesen）把當時的女童軍形容為「可敬但相對死板的機構，所吸引的女孩幾乎全是來自白人中產階級，並嚮往贏得持家與講故事的徽章」。[2]如同《從A到A+》（*Good to Great*）的作者吉姆・柯林斯（Jim Collins）所寫道：「女童軍的危險在於，步上了豪生（Howard Johnson）汽車餐館的後塵。過往年代的經典美國偶像，隨著眾人的需求和品味改變而日益沒落。」[3]

當組織試圖擺脫現狀時，通常的做法是放眼外部，從公司外延聘執行長或最高主管。然而，隨著女童軍所受的威脅變得日益嚴峻，她們卻由內部晉升一位自己人擔任最高職務，名為法蘭西絲・賀賽蘋（Frances Hesselbein）的女性。

在一九二〇至一九三〇年代成長於賓州西部的煤礦小鎮強斯敦（Johnstown），法蘭西絲・威拉德・李察斯（Frances Willard Richards）全心全意想要成為妻子和母親。她嫁給《強斯敦民主人》(*Johnstown Democrat*）報紙的夜間市政編輯約翰・賀賽蘋（John Hesselbein），並生了個兒子。法蘭西絲安居在家庭寧靜的生活中，在主日學校教書，並在所屬教會擔任志工。

有一天，熟人請她領導當地的女童軍小隊，但法蘭西絲婉拒了。她說：

我仔細地向她解釋，我是小男孩的母親，對小女孩一無所知。這位女士月復一月地來找我。最後她對我說了個令人難過的故事：「在第二長老教會的地下室裏，有三十個十歲的女童軍。小隊必須要解散了，因為她們失去了隊長，隊長去了印度當傳教士。這不是很悲慘嗎？」聽了這個最新的可憐故事後，我說：「好吧，我會帶她們六個星期，在此同時，妳則要替她們尋找適合的接替人選。」4

法蘭西絲回想，跟新小隊亂成一團的首次見面：

「就在星期一的晚上，我走進第二長老教會的地下室。有三十個小女孩尖叫著跑來跑去，我第一次也是最後一次舉起手說：『我是你們的隊長。』」

法蘭西絲的人生，就在此時改變了。

在同意領導小隊六個星期之後，法蘭西絲獲選為當地女童軍理事會的新執行理事。它長年苦於管理不善，並在聯合勸募（United Way）希望與它分道揚鑣後，瀕臨了潛在的財務危機。法蘭西絲修復了與聯合勸募的裂痕，導入了良好的管理作業，並翻轉了理事會，確保它在未來能長年滿足強斯敦女孩的需要。這樣的成功案例使法蘭西絲受到美國女童軍的全國組織注意，後來她受邀接任執行理事的職位。

法蘭西絲回想起自己告訴先生約翰說：「我會寄封禮貌的信去婉拒，因為她們不是講真的。六十七年來，她們從來沒從組織內找過人來擔任最高職位。她們現在也不會起這個頭。」但約翰堅持要法蘭西絲至少跟遴選委員會聊聊。在面談的過程中，她們要法蘭西絲描述假如當上了執行理事，她會去打造的那種組織。

我描述了一場寧靜革命。這是社會巨變的時代，大家不確定童軍能怎麼切合女孩的生活，尤其是來自貧窮家庭的女孩。我們需要跟著時代變遷而去質問一切，除了使命還是為女孩服務，以幫助她們發揮出最大的潛力。

一九七六年七月四日，在美國的兩百週年國慶，法蘭西絲獲派為美國女童軍的執行理事。她接掌新職位時，承諾要針對當女童軍的意義何在，以重新思考她所知道的一切。後來她展開了了不起的轉型，有些人會稱之為革命，把女童軍組織往前推，以擁抱多元的成員，亦即對以往所得不到的機會有所渴求的女孩。

法蘭西絲把女童軍的使命定為「對所有的女孩伸出雙手，不分種族或地位，並促進包容」。法蘭西絲相信，任何一個女孩都該能把自己當成女童軍來看。她的首波出擊之一，就是重新思考還停留在一九五〇年代的舊女童軍手冊。她把它給扔了，並出了四本新手冊（各自針對不同年齡層的女孩）來反映美國生活的多元性。法蘭西絲當時說：「假如我是保留區的納瓦荷人（Navajo）小孩、新來的越南小孩，或是阿帕拉契（Appalachia）鄉下的年輕女孩，我必須翻開《女童軍手冊》就能在裏面找到自己。」[5]新手冊在編寫上強調了女孩可加以把握的新機會，尤其是數學、科學和技術等學門。

此外，法蘭西絲重新思考了女童軍組織由上而下的科層傳統，並打造出共有領導的新結構，以同心圓為代表，用法蘭西絲的話來說，就是「使人不用卡在小框框裏」。莎莉・海格森表示：「這個新的『包容網』如後來所述，促進了跨層級和跨部門的溝通，使組織上下的團隊能共聚一堂，並給人空間來自行決定。」[6]女童軍組織轉型成更懂得應變、靈敏，並能滿足日益多元的女孩和志工群體所需，以對應她們所來自的社區。

賀賽蘋對女童軍的重新思考帶來了新的想法與創新，為組織的未來成長打下了堅實的基礎。從一九八五年到二〇〇五年，女童軍的成員總數成長了百分之三十八，來到三百八十萬人，[7]把法蘭西絲在接掌組織時所繼承的赤字一掃而空。

雖然她或許會否認，但法蘭西絲是第一等的反骨者。她說過：「我不是反骨者，我只是有信心會把門給打開的人。我相信其中沒有挑戰，只有機會。而且能把門打開就是機會。」

領導原型：反骨者

我反骨，所以我們存在。

——阿爾貝・卡繆（Albert Camus，譯注：二十世紀法國小說家、哲學家）

反骨者會開啟革命，但不是以你所預期的方式。反骨者是避免造反和起義的安靜戰士，會著手追尋去達成了不起的事。他們會克服巨大的障礙去拯救專案、團隊或公司。他們會自問：「**我要怎樣才能精益求精？**」

反骨者是充滿自信、有信心的人，以形式溫和的擾亂來實現不凡的作為。

反骨者的長處，是受到本身的信心和才華所驅使。他有能力看出，流程、團隊、部門、組織或點子可以在何時改進；他能把全副的心力和焦點擺在推動必要的改變上，並常是安靜、沉著和隱身幕後，而不會大肆宣揚或盛讚。反骨者會幫助別人找到內在的信心，並爭取他們來加入志業。反骨者是發自內心來領導。

反骨者的成功關鍵：信心

我們所征服的不是高山，而是自己。

——艾德蒙・希拉瑞爵士（Sir Edmund Hillary；譯注：紐西蘭登山家）

反骨者知道，身為領導者的自己對所做的事很擅長，並有信心把組織和內部人們驅動到遠遠超出現狀的範疇。反骨者不一定大聲或反權威。反骨者可能是璀璨、安靜的力量來源，就像是賀賽蘋。

信心迥異於自吹自擂。它不是來自對著鏡子複誦賜予力量的信條，或是在人前吹捧自己。信心是來自技能，知道自己有能力把事情搞定。

你具備的技能愈多，所具備的才華就愈多；你愈覺得有本事，就愈知道自己能力好；最終則會愈有信心。

等式很簡單，但我們的思考並沒有那麼簡單。我從觀察主管中得知，「把長處施展出來」並不足夠。當然，在天生的才能上加把勁，你常常就能得到結果。但成功的專業人士全都會培育一套可援引的特質。他們不會一而再、再而三執行同樣的操作。

實情是，我們當中最成功（靠著苦幹實幹而獲得成功）的人，也是我們當中最有本事的人。

我們已把信心就等於成功的想法奉為圭臬；不斷轟炸我們的金句、部落格貼文、專欄和文章告訴我們，成功所需要的一切就是把個人自信表的開關給打開，可惜情況絕非如此。對於大家誤信「加以肯定就會帶來成功所需要的信心」，以下是幾個例子：

- 信心是相信自己是誰就會在自己身上創造出來的東西。
- 成功的祕訣在於相信。
- 相信它，它就會發生。

這些訊息大部分都是給我們不完整的現實。商業心理學教授湯瑪斯・查莫洛－普雷謬齊克（Tomas Chamorro-Premuzic）表示：「傳記作者一下子就把顯要人士的成功歸因於他們的信心度破表，而小覷了才華和賣力工作的角色，彷彿它是操在任何人的手中或心裏，只要有全然的自信，成功就會達到不得了的地步。」[8]

我們以為信心得之容易，但並不是。

我們以為成功是由信心所帶來，但並不是。

我們以為在工作和生活上要順利，信心就是我們所需要的一切。但實際上，信心還要與才幹配合，才會使領導者傑出。

創業家暨發明家伊隆・馬斯克（Elon Musk）建立像特斯拉（Tesla）、太空探索科技公司（SpaceX）和太陽城（SolarCity）等事業獲得了成功，並非只因為他有信心。他獲得成功，靠的是把信心結合他在大學念物理和經濟時所習得的才幹。配合上他對旗下公司所代表的電動車、太空旅行、太陽能志業抱持著深刻的信念，馬斯克相當願意賭上自己的信譽和資金。馬斯克說：「假如事情夠重要，即使情勢不利，你還是應該去做。」

栢歐康（Biocon）的創辦人暨執行長基蘭・瑪茲穆德－蕭（Kiran Mazumdar-Shaw）是印度公認最有錢的女性。在父親拒絕替她念醫學院埋單後，基蘭決定當釀酒師，許多人認為它是專屬於男性的職業。當她受訓後回印度當釀酒師時，很快就發現自己在行業中並不受歡迎。於是她決定學習怎麼生產酵素，並在為事業所租房子的車庫裏創立了新公司栢歐康。公司成長並擴展到跨足了藥品和其他產品。瑪茲穆德－蕭所創辦的公司如今年營收超過了四千六百億美元。

維珍集團（Virgin Group）旗下有四百多家公司，創辦人李察・布蘭森爵士（Sir Richard Branson）在十六歲時就輟學，有很大一部分是因為閱讀障礙使學習成了他無能為力的挑戰。不過，這並沒有阻止他在事業上達到了不起的成功地步。布蘭森學到了要讓身邊圍繞著在特定任務上比自己優秀的人，並把這點發揮得對自己有利。當你不具備某些技能時，就去把具備的人給請來，並靠所得到的成功來建立起信心。

在事業和生活上達到想要的成功有賴於才幹加信心。我確信馬斯克、瑪茲穆德－蕭和布蘭森全都經歷過自我懷疑的時期。布蘭森把事業搞到破產；瑪茲穆德－蕭在為此受訓的釀酒業裏處處碰壁；馬斯克把火箭搞到等於是付之一炬。但他們並沒有讓失敗或可能會失敗完全打垮自己，而是一次又一次嘗試。三人全都採取了有信心的行動，並從失敗中學習。他們重新調整了自己的努力，到最後才獲得了成功。

信心是相信自己可以。

才幹是知道自己可以。

反骨者的領導力鴻溝：自我懷疑

不要讓負面的思想進入腦海，因為它是扼殺信心的雜草。

——李小龍

傑弗瑞是歐洲大型航太公司的執行長。對每個認識他的人來說，傑弗瑞就是反骨者，不只是今天，而且是**每天**。他有信心與才幹，在工作內外都肩負許多責任，並有成千上萬人仰賴他。有時候職位的壓力會讓傑弗瑞格外難以承受，但他總是設法挺過去，並堅定地為公司掌舵。公司陷入了與美國各航太公司的持久戰中，近來一連串的事故則使傑弗瑞的單位受到了媒體強力關注。

我們在數個月前會面的那天，傑弗瑞看起來比我在我們長年一起努力以來所見過的他都要來得嚴肅與憂心。我看得出他迫切需要談談，我便問他好不好。

我的提問立刻觸發了反應。傑弗瑞不想跟我談他好不好，他在腦海中所想的遠甚於此。他湊近了過來，彷彿是有祕密要告訴我。我立刻變得關切起來。傑弗瑞在公司的職位有危險了嗎？從我們上次的輔導課以來，有事情發生了嗎？董事會就要讓他走人了嗎？我的客戶為什麼表現得這麼奇怪？

他靠過來低聲地說：「我怕他們會發現我是冒牌貨。」

儘管在組織中的職位到頂，多年下來拚出了成功，往來的都是有權有勢的人，不斷做成交易，財富令人稱羨，傑弗瑞卻受到自我懷疑所折磨，而且他面臨了領導力鴻溝。

「我是冒牌貨，有朝一日大家就會明白，這使我非常驚恐。」

「你在哪方面是冒牌貨？」我問他。

「這一切的成功，」他告訴我，「我一點也不值得。這一切的財富，我不配。一切的盛讚，我不夠格。我和非常重要的人坐在現場，都是比我能幹的聰明人，我有時候不禁心想：『我在這幹嘛？我為什麼在這裏？他們為什麼在聽我講話？』他們比我重要；他們比我聰明、優秀、靈活、明智，是我所不及；然而，他們卻在聽我講話，是由我在領導他們。只要等時間一到，他們就會明白我不值得這個職位。」

這不是我第一次在輔導作業中聽到這樣的自白。這是常見的領導力鴻溝：根據研究，有百分之九十九的人，在一生中至少會有一次覺得自己像是冒牌貨。

「世界上極有成就、非常成功和爬到高位的人，有百分之九十九就像你這樣。」我說，「他們覺得自己像是冒牌貨。你以為『假戲演久就成真』這句話是怎麼來的？」

他看著我問道：「真的假的？」

我點點頭，「與你共事的人大都懷疑自己，我所輔導過最有才華的領導者之中，有很多人天天都會懷疑自己和自己的能力。他們感覺就像你這樣，但他們絕不會向別人坦承，因為他們擔心露出馬腳……就像你這樣。」

不理性的自我懷疑是以冒牌貨症候群的形式呈現，而且毫不留情；它才不管你是來自什麼樣的經濟或社會背景，你是在什麼領域或職位上，或者你有什麼才華或能力。它對高成就者可能會格外嚴厲，尤其是那些在成為反骨者的能力上壓抑自己的人。

諷刺的是，那些罹患冒牌貨症候群的人，通常都是做到了該做的一切才成功。他們在念書時表現良好，拿到了學位，在職涯中挺進，並常坐上組織的最高位。

任何一個達到重大成功的人，為什麼會覺得自己像是冒牌貨？實情是，相信自己是冒牌貨的人，並不覺得自己是真的有才幹，或是配得上自己的成功。冒牌貨讓自己相信，自己是走運才獲得成功，只是在對的時候占到了對的位置。這些人或許相信，自己是為了當下而非常賣力在工作，但他們從不覺得證明了自己，也從不認為自己配得上的成功，其實是靠自己的才幹得到的。

我們全都認識這些人。

醫學院的學生在幾瓶啤酒下肚後向你自白：「我進醫學院的唯一理由，是因為我爸是赫赫有名的醫生，而且我父母捐了很多錢給校方。」或是女性主管私下告訴你：「我得到這份工作的唯一理由，是因為他們需要補足女性主管缺額。」

我看到男男女女有各種理由來擔任組織的最高職位，卻克服不了有礙他們傑出的領導力鴻溝。他們所背負的擔子是非常深層、黑暗的祕密：相信自己未達標準，而且不如別人來得有才幹。

他們從不相信，只因為靠著自己是誰和能做到什麼，成功才會到來。恐懼和懷疑很正常，可是當你懷疑自己的才能時，就不可能有信心。

假如你過去因為覺得自己像是冒牌貨而失敗了，那你並不孤單。

假如你覺得自己像是假貨，那你並不孤單。

心智會竭盡全力為我們擋下真實的自我，並認為這麼做是對的。要能建立起所需要的信心和才幹，以便在人生、職涯和事業上成功，唯一的辦法就是要考量到心智是如何運作，以及我們的思想到底在告訴我們什麼。

反骨者的領導力鴻溝原型：冒牌貨

正因為我們全都是冒牌貨，我們才會忍耐彼此。

——蕭沆（Emil Cioran；譯注：二十世紀虛無主義哲學家）

冒牌貨原型是表現在各式各樣不同的個性上，使它在我們的領導力中造成鴻溝，並有礙於我們達到傑出：

假貨認為自己不配成功，根本是濫竽充數。假貨會不斷滿懷內疚，對某事感到慚愧，而且不相信自己有每個人所認為的那麼聰明。他們認為自己不配坐上組織的最高職位，並總是忍不住這樣說：「另一隻鞋什麼時候會掉地？」

完美主義者相信，任何未達完美的結局都是慘澹的失敗。這樣的信念會腐蝕他們的信心，並為自己招來失敗。沒有絕對、不變的完美這回事。當你力求凡事完美時，就會沒有一件事是最好。不管是做什麼，完美主義者不達完美就不會停止，即使這代表要多花好幾小時、好幾天或好幾週來達到這個高到不凡的標準。

操作者會列出所有需要搞定的事，並且要等到一切都運作順利，才會感覺不錯，而這或許永遠都不會發生。就像是完美主義者，操作者會奮力不懈搞定工作，而且要完美，否則他們就會覺得沒價值。在組織裏，一個人不可能單獨做完所有的工作，所以操作者會為自己招來失敗。

討好者會想：「我夠好嗎？我能為大家增加價值嗎？假如不能，我就是個廢物。」討好者認為大家不可能會喜歡自己，於是他們便卯足全力取悅大家，像是做得更多、扛得更多、貢獻更多；當別人留意到時，他們就能把自己想得沒那麼糟。

比較者無法停止提醒自己，有人比自己聰明、優秀、快速、苗條、明智。比較者是活在不斷羨慕的世界裏，並傾向於嚴苛和批判。為了盡量避免受到留意，他們會把聚光燈轉向別人以形成防護罩。在這種不健康的心態下，比較者的生活是心力交瘁、永無休止的循環，永遠都達不到標準。

破局者有恐懼之聲，不僅是恐懼失敗，也恐懼成功。每次有重大之舉敲門，傑出來到了門口時，破局者就是有辦法殺出來。他們對自己的傑出驚恐到會使出全力一直把局面做小，藉此為自己擋下可能的失敗和羞愧。一旦全面開展，就會步上歧途並大舉自毀。

把內在的冒牌貨發揮出來

沒有人會去費心關注那些對自己沒信心的人。

——拿破崙・希爾（Napoleon Hill；譯注：二十世紀美國知名成功學作家）

當我們重新思考我們自認知道什麼，改變我們看待自己的方式，並為我們的才幹、天分與賣力工作培育強大的立論時，我們就比較有機會來建立信心。

要克服冒牌貨鴻溝，首先就要斷開自我懷疑的鎖鏈，並了解冒牌貨症候群是如何扼殺和禁錮我們。但改變向來不易，尤其是當我們的生活模式存在了這麼久。改變有賴於重新思考自己知道什麼，在我們的腦海裏蓄積了這麼久的老舊、過時思想、模式與信念，並採用新的、比較正面的思想、模式與信念。

假如慢慢開始，一次思考一項負面的自我對話，我保證不會有災難發生。你八成會覺得從肩膀上卸下了重擔。去挑戰自己的思想、模式與信念，你就會學到要怎麼較少去關切自己的懷疑。你就會變得比較無懼和灑脫，而不會焦慮和充滿憂心。

當這點發生時，你就會覺得自己遠遠不像是冒牌貨，而與自己的才幹和成就比較相符。信心並非來自說出自己能做到的事，而是來自**去做你知道自己能做到的事**。

以下就是要如何把內在的冒牌貨發揮出來：

停止拿自己跟別人比較。你的前後總會有人做得比你好。每個人的成功故事都不同，而你的永遠是專屬於你。不要老是去看他人的成就，而要聚焦於自己走了多遠，並力求在本身的領導力發展中持續自我改善。

提醒自己沒有完美這回事。覺得自己像冒牌貨的人所抱持的信念是需要完美才行，可是當完美主義者會持續為你招來沮喪，因為就是做不到。「完美」並不實際，你在什麼情境下都無法真的精通這種達不到的完美想法。假如你正在苦於缺乏自信，而且它使你覺得自己像冒牌貨，那就要意會到，人生和領導有成有敗。要提醒自己，連最成功的人也會在人生中失敗，而且許多人失敗無數次。要用心去追求卓越，而不是完美，並把失敗當成學習的機會和最棒的老師。

列出自己的成就。我們常會忽略自己走了多遠，而把自己所成就的事視為理所當然。去回顧自己的人生，並意會到自己克服了許多障礙且享有傑出的成就。把自己的勝果放在顯眼之處，以定期提醒自己。有很多人會花比較多的時間去看自己的失敗，而不是聚焦於自己的成功。每天都拿做對的事來提醒自己，你就沒有時間去想出錯的事。

建立支持自己的內部圈。你常常就是自己最大的敵人，也最不願意肯定和認可自己的能力與才能。這是源自我們固有的想法——談論自己的成就就是錯，我們應該要謙虛，不然我們就會讓人覺得自我膨脹。請你建立內部圈、自己的啦啦隊，不論好壞都支持你。

把內在的冒牌貨發揮出來時，你就能把它變成自己的招牌來培育信心，以成為有志業的反骨者。

成為反骨者型領導者

> 每個向世人指路以通往美好與真實文化的人都是反骨者、「萬國人」，沒有愛國主義、沒有家，人手都是從各處找來。
>
> ——恰伊姆．波圖克（Chain Potok；譯注：二十世紀美國著名小說家）

在能成為反骨者型領導者之前，你必須重新思考反骨者是什麼。反骨者型領導者超有信心，但也能是溫和的戰士。

反骨者是行政助理，因老闆沒反應而感到沮喪時，就會協調與公司的副總裁會面，以幫忙自己來研擬推動變革的策略。反骨者是經理，在為慈善志業募款的團隊中，會要求團隊成員不僅要考量到募款，還要加入捐款的行列。反骨者是長年提倡要加強內部保全的警衛，但想法一而再、再而三遭到管理階層忽視，於是每週都撥出一些私人時間來對員工教導和指導保全的重要性。

你是不是會著手追尋以安靜的方式，以達成了不起的事但會使結果有意義的人？你是不是自認受到了深度渴望所驅使，而要去糾正錯誤，解決擺不平的問題，並長久改造周遭的世界？反骨者不企求宣揚或盛讚，而是試著以有意義的方式來貢獻。

在克服領導力鴻溝並達到傑出時，反骨者型領導者要採取這些行動：

學習自我覺察。有信心的領導並不是永遠都要清楚答案，而是要了解自己知道什麼、不知道什麼。身為反骨者型領導者，代表在自己的才幹和個人長短處上要對自己誠實，既不低估也不高估自己的才能。要覺察到自我懷疑的領導力鴻溝，因為不安全感永遠是信心的最大敵人。

評估自己的技能。身為追求傑出的領導者，至關重要的是要客觀辨認自己的技能與才幹，並不斷努力改善自己所會的事，以成為你相信自己所能做到的人。

與完美分手。力求完美並不會使你做到傑出。完美的人不實際，實際的人不完美；成為傑出的領導者並不代表要完美。它只代表要能與自己的不完美共處。

停止拿自己跟別人比較。當你拿自己跟別人比較並挑剔自己時，這毫無建設性。當你拿自己跟別人比較時，它就是永遠不會贏的戰役。你所追求的傑出，是要了解自己永遠不會是其他任何人，別人也永遠不會是你。

學習去適應。在現今環境中，適應力是領導技能中的重要元素。以尋常的一天來說，你可能是在和團隊協作，下一個鐘頭可能是在向董事會提報，或是應付不滿的顧客或客戶。不管是什麼局面，關鍵都是要快速適應、靈活應變，並有信心加快腳步思考。傑出的領導者會隨著變化臨機應變。

在其他人軟弱時保持堅強。當事情變得最棘手時，傑出的領導者會保持堅強與信心。信心不但使你得以做出人們對強勢的領導者所期望的艱難決定，還能讓身邊那些有時候會產生懷疑的人放心及改觀。

受志業驅使。每個反骨者心裏都相信，自己能以有意義的方式來貢獻，並改造身邊那些人的生活。反骨者會尋找值得的事業與機會來產生正面的衝擊。

傑出的反骨者型領導者

羅莎．帕克斯（Rosa Parks）在公車上拒絕讓座給白人乘客而聲名大噪，以信心反抗了體制化的種族歧視（編按：一九五〇年代，美國黑人搭乘公車時受到種種不平等待遇，像是白人可優先有座，黑人只能坐後排等等）。

伊隆．馬斯克甘冒別的執行長甚至不會去考慮的風險，結果啟發了世人對每件事都重新思考，從我們所開的車、如何為住家供電，到未來的太空旅行。

葛羅莉亞．史坦能（Gloria Steinem）以信心去質問社會常規，並挑戰由來已久對女性的期待。她的信心激勵了成千上百萬的女性去表達自我並挑戰現狀。

每個組織和每家公司都需要反骨者以信心和才幹，將團隊帶領到本身不見得會去的地方。要成為傑出的反骨者型領導者，首先就要拉近自身內在的領導力鴻溝並克服自我懷疑。不要對自己的內在信念有礙你去達到你知道自己能做到的事。要擁抱內在的反骨者；知道自己配得上又能幹。要對自己負責，並對別人當責。在以反骨者來領導時，要鼓勵團隊中的各個成員去找出自己內在的反骨者，並把它運用在生活與工作上。

你會在那裏找到傑出——就在自我懷疑之外。要好好把握。

在反骨者原型中認清自己

反骨者對志業有信心，並願意反對現狀，以翻轉劣勢、團隊、公司和組織。反骨者會願意為了「大我」而非「小我」的事挺身而出。

你是反骨者嗎？拿這些問題來問問自己：

- 你會在哪些方面抵抗現狀？
- 身為領導者，你的主要目標是什麼？
- 你的信心會受到什麼所妨礙？
- 你會在哪些方面堅持自己的獨立性？

- 你對什麼事強烈相信到願意為了它而奮鬥？
- 你什麼時候會覺得自己像冒牌貨？
- 你有沒有受到自我懷疑所折磨？假如有的話，是什麼情境？

第三章

探索家

探索家知道何時該依賴分析思維，何時該依賴直覺思維。

在孟加拉的首都達卡，二〇一三年四月二十四日的早晨就跟其他任何一天一樣。當天的預測高溫是華氏九十一度（編按：約攝氏三十三度）。天空霧濛濛，街上熙來攘往的人潮趕著去當地的企業和工廠上班。達卡的拉納廣場（Rana Plaza）大樓園區是其中一處工廠，在為世界各地各式各樣不同的公司生產源源不絕的平價成衣，包括班尼頓（Benetton）、玻瑪榭（Bonmarché）、沃爾瑪（Walmart）和其他業者。[1]

上午八點四十五分，電力無預警中斷，五台發電機啟動並搖晃了大樓。[2] 過了片刻便傳出巨大的爆炸聲，八層樓的拉納廣場大樓倒塌，一樓保持完好，但中間的每樣東西和每個人都遭到了碾壓。在悲劇現場的消防員曼祖爾．亞山（Manzur Ahsan）表示，大樓「堆得像切片麵包」。[3] 裏面有超過三千人困在瓦礫堆中，有的生、有的死，還有多人身受重傷。

拉納廣場總計有一千一百三十四位工人，是因在大樓倒塌傷重喪命。

不計其數的衣服是由數百萬人（其中有百分之八十五是女性）在世界各地近乎奴役的條件下所生產出來，常常是在熱氣逼人、擁擠不堪又不安全的工廠和住家裏。業界估計指出，在全世界的成衣總產量中，由家庭代工業者完成的在百分之二十至六十。記者露西．希格爾（Lucy Siegle）表示，這些家庭代工業者常在子女幫忙下，「駝著背替全球衣櫥裏的衣服縫製和刺繡……蝸居的貧民窟是全家人擠在一間單人房裏。他們勉強度日，任憑中介商宰割，狠心的中間人所開出的工資都是成衣業最低的一些。」[4]

這番局面點出了道德問題：開發中國家的成千上萬人是不是就該非得活在貧窮下不可，並年年送命來讓我們有便宜的衣服可買？對時尚品牌與零售商人樹（People Tree）的創辦人暨執行長薩菲亞・米妮（Safia Minney）來說，答案是斬釘截鐵的不。

薩菲亞在英國長大，熱愛設計、紡織和紀實攝影。她父親（在薩菲亞七歲時就過世）是模里西斯人、母親是瑞士人，祖母小時候受過刺繡設計的訓練，而薩菲亞就是受到她精細的手縫作品所啟發。對紀實攝影的熱愛則是受到父親的書《天下一家》（*The Family of Man*）所引燃。薩菲亞說：「在孩提時代，我就很愛它的描繪方式，開發中世界的人是真的快樂與堅韌，而不是遭到踐踏。」[5]

到了青春期，薩菲亞在當地的市場工作，她會定期去義賣商店挑衣服，以便在時裝裏尋寶。「十七歲時，我在倫敦有了第一份工作，」薩菲亞說，「我把微薄的薪水花在別人不想要的衣服上，此後也實際培養出了對布料和印花布的眼光。」[6]

在青春期就已經是探索家的她，是一九九一年時在日本創立了人樹，明確的使命就是要顛覆全球成衣業的商業模式。她看到快時尚是如何剝削和操縱世上最窮困的人，而受到了啟發要拿出辦法來。在得知是什麼對這麼多窮人造成傷害後，掛心的薩菲亞創立了世上第一家保證把公平貿易標準和環保生產作業遍及整個供應鏈的服裝公司。人樹不剝削工人，而是致力於以保護人權的方式來經營事業，並在製衣過程中支持環保創新。薩菲亞說：「我們深深致力於扶貧、保護環境，以及改變我們所住的那種世界。」

對米妮來說，重新思考快時尚業啟發了新的典範：慢時尚。它更永續、更有賺頭，對生產它的工人也公平得多。該公司表示：

> 人樹是一種不同的時尚事業。我們給顧客的是快時尚的替代品。快時尚業是靠著對廉價服裝與配件永不滿足的需求來推展。快時尚造成了毀滅式的衝擊，從血汗工廠和童工到污染和全球暖化。慢時尚代表挺身對抗剝削、家人離散、貧民窟城市和汙染——所有使快時尚之所以這麼成功的事。[7]

領導原型：探索家

除非有勇氣揮別海岸，否則人就無法發現新的海洋。

——安德烈・紀德（André Gide，譯注：二十世紀法國作家、諾貝爾文學獎得主）

薩菲亞・米妮是十足的探索家，受到直覺所驅使而去創造新典範。探索家是把組織、社區和人類往前推進的探路者、先驅和追尋者。他們不滿意事物的樣貌，並不眠不休地尋找新取向、新解方和新冒險。探索家會用直覺來測試已知的邊界和限制。他們會拒絕現狀和墨守成規。他們會問：「**我能找到什麼？**」

身為探索家，你著迷於重新思考事情的常見做法。你會去質問一般的見識，並受到激勵去重新評估流程及建立新的商業模式，以尋求創新和改善。探索家拒絕老舊、失調的方式，並急於採用突破性的想法。假如你是探索家，你就會受到直覺所引導。你不斷在思考和重新思考自己知道什麼，而且在本能上幾乎是自動就知道要做什麼、接下來會怎樣，以及事情會往哪裡走。

探索家的成功關鍵：直覺

> 知識有三種程度：意見、科學和啟迪。第一種的促成手段是感官，第二種是辯證，第三種是直覺。最後這種是絕對的知識，奠基於把心智所知與已知對象合而為一。
>
> ——普羅提諾（Plotinus；譯注：古羅馬哲學家）

探索家會憑藉**直覺**，傾聽內在的聲音和本性，並用所獲取的知識來形成決定。他們並非只仰賴理性的思考過程，而是會強力注入直覺來平衡思考。探索家對於人類群體、組織、領導團隊和社區的進步極為重要。探索家會不斷想辦法來改造，大小都好，並想要改變眾人的生活。

當人在直覺上知道什麼時，他就會確定感受到並知道。它遠不只是預感，而是打心底知道；假如受到了關注和信賴，在思考、產生新的點子和創新以及形成決定時就能變得有用。

直覺對不同的人來說，指的是不同的事。

有的把它稱為**本能反應**。

有的把它稱為**靈光一現**。

有的把它稱為**突破**。

直覺的語言簡短扼要，通常是以指令的形式直抵腦門。

「我要這個。」

「感覺對了。」

「不能這麼做。」

「感覺不對。」

細看這些敘述，你有沒有格外留意到它們的什麼事？作者瑪麗．古勒（Mary Goulet）表示，我們會認出來是因為它們是發自直覺；它們是簡單扼要的敘述，通常只有五個字或更少。[8] 一旦把「因為」這兩個字加進去，思維就會從直覺轉變為邏輯與分析。它是發生在轉瞬間，快到使你連轉換時都不會留意到。

直覺不會使我們困惑；它不會使我們懷疑。它感覺起來清楚又扼要。

直覺不會給我們理由。它不會告訴你為什麼、在哪裏或怎麼做。

用直覺所形成的決定通常沒有議程，也沒有對任何特定結局的情緒依附。它就是知道。就是感覺對了。

直覺是以經驗為基礎的知識，儲存在大腦深處，可依需求快速取用。它是仍無法理性解釋的得知方式，儘管研究人們持續在尋找它是如何運作的線索。

很清楚的是，這些瞬間的判斷、這些乍現的直覺力量常常極為準確。結合上我們的分析思維，所產生的決定就能改變世界。

培育直覺的方法如下：

答案是智慧的報酬。學習永無止境。你學得愈多，就知道愈多；你累積的智慧愈多，答案在你看來就愈明顯。

火藥庫必須填滿。探索家的天性就是要累積精熟度的軍火庫，使你一碰到問題時，解方就會迅速、快捷而果斷地出現。

相信內在感官。直覺或本性式的本能是無所不在的第六感，就跟標準的五感一樣重要。直覺會通報自我溝通的過程，把資訊從潛意識心智移到意識心智。

知道自己的精熟度。評估自己能做什麼，以及還需要學什麼來把工作做好。在見解上知道什麼時候要採取行動、什麼時候不要。

採取果斷的行動。探索家會隱而不顯地相信自己。他們會靠直覺來採取行動。當直覺很強時，就跟著它走。

探索家的領導力鴻溝：操縱

有人的主要能力是轉動操縱之輪。那是他們的第二層皮膚，要是沒有這些轉輪，他們就不知道要怎麼運行了。

——喬伊貝兒（C. JoyBell C.，譯注：知名詩人）

身為顧問，我常受邀與組織及公司研商營業策略。這些策略是在研討會中訂立，參與者所接獲的任務，就是要為變革擬定有說服力的營業立論。他們還要負責畫出詳細的實施路徑圖，有效率又有成效地管理組織內的變革流程，並以切合的指標來衡量進度，同時為組織上下建立起一貫性。

這些研討會通常是把組織裏最重要的人們聚集在一起，包括領導團隊，有時候還有營運、財務、人資和資訊科技，全體在一週密集的開會期間一起努力。這些策略集會耗時費力，而身為顧問，我就是受雇來提出困難的問題，以得出對的答案。在擬定策略的過程中，我所共事的每個組織都有所不同，我也學會了要對過程有耐心。到最後，它總是會成功。

有一場研討會尤其格外困難，舉辦的是某跨國大藥廠，它的名號在世界上幾乎是任何人都認得出來。

會議是在外地的大型會館舉行，位於落磯山脈的山麓丘陵。空氣清新，地點安靜，我們特地把手機和筆電關機，以便能投入全副的心力與關注來解決眼前的議題。

在研討會的第一天，交談緊繃，互動冷淡。團體內沒什麼一貫性。沒有人能商定前進的最佳方式。公司的執行長奧斯卡只想談數字。而且他很堅決。

身為研討會的主持人，我要負責與團隊訂出策略計畫的元素。第二天整天有更多艱難的會談，而在接近尾聲時，我審視了進度（或是沒有進度可言），這個團體需要往哪裏去變得非常清楚。

奧斯卡是失調的執行長。他確信自己比別人博學多聞，並用操縱來達成所願。他忽略了需要讓人們覺得重要，也沒有給他們所需要的願景和守則來建立有效的策略。我知道其中有巨大的領導力鴻溝，假如繼續往這條路走下去，我們就不會成功。我必須說服他大幅改變做法。

有鑑於奧斯卡酷愛分析、資料和數字的生硬現實，所以對於我可能提出的任何委婉建議，他並不會照單全收。奧斯卡是從公司的基層裏晉升上來，一開始是在念大學時擔任暑期實習生，並從那裏一路往上爬。他一向很確定自己要什麼以及要怎麼做到，這個上午也不例外。

「我們來把這件事搞定，」他說，「我們只需要拿以前的做法來依樣畫葫蘆，去年就挺管用。」

「不行。」我說。

「為什麼不行？」奧斯卡問。

「因為你的人們大部分都是工作賣力；不，是工作十分賣力，」我回答，「但他們去年得到你唯一的明確指示就是要多賺錢。今年這不會管用了。去年算你走運，但今年不會這麼幸運了。大家要你給出更多的指示。」我回答。

「事情有變，」我繼續說，「市場更起伏，顧客更嚴苛，全球化會驅使這個組織要更快。你必須把這全部考慮進去，而不能只是告訴人們要多賺錢，就期望他們了解自己到底該做什麼。」

「它會管用，」他說，「它一向管用，因為數字會說話。」

「它並非一向都關乎數字，」我告訴他，「組織裏還有許多變項會影響，尤有甚者的就是人們的需求。」

但執行長在思考上依舊堅定，我則繼續勸他重新思考自己的職位。我指出了他在領導力上的鴻溝，毫不退卻。

「也許你不知道它可以變好多少，」我斗膽地說，「假如你把所做的事一直做下去，但給出更多指示，人們今年就可能表現得更好。你不想看到這樣嗎？」

奧斯卡也沒有妥協之意，「數字才管用。」他說。

「打造成功的組織並非一向都關乎重複去年所做的事，也並非一向都關乎理性思考，」我解釋，「並非每件事都會呈現在分析裏。你必須把**每件事**都考慮進去，包括人們、流程、作業。你給人們的東西必須讓他們掌握得到。而你正在做的事並不管用。」

在奧斯卡能再次反駁前，我提出了建議，「把團隊的其他成員找來。」我說，「但這次不要操縱會談，不要利用你的領導職位，來看看他們會說什麼。事實上，還要鼓勵他們探索一些選項。」

奧斯卡意興闌珊地同意了我的建議，這就夠讓我當成開頭來向他證明我的論點了。

不久之後，參與者到齊了，並在現場各就各位。當天是討論最終日。緊繃了幾天，大家都精疲力盡了。我站在現場前方問道：「對於在本週的會議期間所擬定的策略，大家**認為**怎麼樣？」

大家一致點頭，同意它還不錯。

接著我問道：「假如能停止思考策略，而去探索它**感覺**起來怎樣，你們會改變什麼？」

大家都安靜了，偷偷看著領導者奧斯卡，以等待指示。他們對奧斯卡在領導或缺乏領導上的做法已習慣到害怕有話直說。

我告訴他們，我們需要重新思考策略，以確保它不但合情合理，而且感覺不錯。對於公司、他們的團隊，以及與他們共事的人，它需要是帶回去就能把目標實現的東西。

我再次問道：「這套策略**感覺**起來怎樣？」

我直接看著奧斯卡說：「就從你開始吧，它感覺起來怎樣？」

「它感覺起來不對。」他堅定且慎重說道，好讓在現場的每個人知道，這是他的真實感受。

這為其他的員工打開了洩洪閘門。我在現場走動，領導團隊的答案從「它沒有活力」遍及了「它沒有心」、「它沒有參與感」，以及「全都非常理性，但要推行也許不可能」。每個人在發言時，我都點頭同意。接著我走到大白板前，上面寫滿了當週集會的資訊、方案與策略。

然後大手一揮，我把它全擦了。

我轉過身來時，可以從他們的臉上看出，他們是處在震驚、甚至是恐慌的狀態。

但此時我說：「現在我們一起努力來探索，直覺告訴你怎樣才算對。」

在接下來的六個半小時裏，我們沒什麼休息，興致高昂地探討怎樣才算**感覺**對了。我們談了人們、參與感和策略，但這次帶上了心。

到最後，我們看了一起做出來的成果，我又問了執行長和團隊一次：「它**感覺**起來怎麼樣？」

「太棒了！」大家異口同聲地呼喊。

這群非常聰明伶俐的男男女女立即了解到，成功有時候要靠直覺。更重要的是，有時候理性思考可能會使你走錯路。在這個案例中，我促發了團隊去相信本性。到最後，他們所擬定的策略證明對公司來說是對的。

探索家的領導力鴻溝原型：剝削者

最成功的剝削者，會讓別人覺得自己的最大利益有被他放在心上。

——蘭德爾・柯林斯（Randall Collins；譯注：美國當代著名社會學家）

探索家原型的領導力鴻溝是傾向用直覺來操縱別人，以取得控制權。當領導者不讓員工為自己思考時，當他們成了管家婆或變成控制狂時，他們就是以操縱來領導。他們就變成了剝削者。

連從最有才華的團隊身上，剝削者都會一無所獲，因為他們就像奧斯卡，會告訴其他人要怎麼思考、要做什麼，以及要怎麼做。假如有人覺得不能對老闆有話直說，把才華展現出來，或是無法被視為組織的貢獻者，此人就會覺得受到操縱與剝削。

可惜剝削者並不是異類。在很多組織裏，你都會聽到領導者告訴員工：「照我的意思做，不然就滾！」

操縱、剝削的領導者很好認出來：

他們以專家自居。剝削者不是真正的專家，而是用資訊來混淆別人。他會大談事實，或是傳授團隊成員聽不懂的艱深資訊。剝削者試圖用自己的知識來壓倒別人，當團隊覺得有無力感時，他就成功了。

他們會隱瞞資訊。資訊就是力量，剝削者則想要占有它。他會隱瞞資訊，好讓別人覺得比較心慌、無能和自卑。這是控制的招數，假如遭人發現，剝削者就會宣稱，別人不需要或不應該有某些資訊。

他們反覆無常。雖然剝削者在泰半的時候或許讓人覺得親切，有時候甚至是良善，但假如遇到了阻礙或失望，他就會發怒。剝削者不會亮出底牌，而且永遠讓人搞不清楚會以哪種個性來回應，是好的還是令人畏懼的那面。剝削者很享受別人在他身邊提心吊膽、既畏懼又順從的畫面。

他們會發出威脅。由於剝削者是靠操縱來領導，所以他會用微妙的力道或公然威脅來說服別人。他或許會咆哮、批評或威脅人採取他想要的行動。剝削者通常會使用的說法諸如，「假如你不這麼做，我就會如何」，或是「要等到你如何」，我才會如何。這是用來達成控制的操縱戰術。

避免成為剝削者：全神貫注在會帶來價值的事情上，同時小心不要毀壞你所重視的事。時時都要意識到，自己是以**誰的**身分來領導。

把內在的剝削者發揮出來

領導者會相信自己的本性。「直覺」是那些揹黑鍋的好話之一。基於某種原因，直覺成了「軟趴趴」的觀念。鬼扯！直覺是新的物理學。在做出艱難的決定時，它是愛因斯坦式、第七感、實用的方法。

——湯姆．彼得斯（Tom Peters；譯注：美國著名管理學家）

要拉近探索家和剝削者之間的領導力鴻溝，首先就要認清直覺和操縱的一線之隔。直覺是讓事情對別人比較好，操縱則總是讓事情對自己比較好。

二十世紀盛行的領導作風所提倡的是控制結局、提倡權力和操縱後果。但重新思考這種取向的時候到了。操縱會在我們內在以及我們與身邊的人之間造成鴻溝。在高度競爭、步調快速的現代商界裏，團隊必須有效協作才會取得優勢。

管理顧問格朗維爾・涂古德（Granville N. Toogood）在他的著作《創意主管》（暫譯；*The Creative Executive*）裏曾描述，《華爾街日報》（*Wall Street Journal*）的記者小湯瑪斯・派辛傑（Thomas Petzinger Jr.）是如何看待商業的未來：

> 派辛傑相信在下一波的經濟裏，成功的公司在營運上會比較像是在互相合作中自然發展與成長的有機體，而不是人為發明的科層式機器朝著嚴格的工作規則邁進——扼殺新穎，多把員工當成無人機來使用，而較少以具有創意和聰慧的人看待。[9]

派辛傑所預測的未來就是**現在**。領導者必須拒絕舊有的科層領導方式、「不照我的意思做就滾蛋」的做法，讓團隊強盛並成功。剝削式的領導者則會以任性的操縱來毀壞合作。在現今的環境中，每個組織裏的每個人都必須善用每個既有的優勢，事業的未來就端賴於此。方法如下：

不要吃定別人的短處。不要占弱者便宜，而要想辦法讚美人。你最不想做的事，就是吃定為你做最多的人。任何吃定他人短處的人，都不配運用他的長處。

不要用別人的短處攻擊他。每個人都有短處、內在的鴻溝。短處通常是不安全感，或是控制不了的情緒或需要，人們通常對自己的短處感到慚愧並試著保密。當你用別人的短處攻擊他時，就是因為它讓你想起了自己的短處。所以當你在內心深處覺得自己不夠格時，也不要羞辱別人。任何惹惱你的事都是為了替你上一課，任何惹怒你的事都是為了教你學會同情，不只是對別人，也是對自己。

不要為了一己的私利而要求別人放棄什麼。剝削者總是有一堆待辦事項，但他不知道的是，對大部分的人來說，要一眼看出易如反掌。而且大部分的人都不會容忍。假如你不禁想說，為什麼身邊沒有一群尊敬你、信任你和對你忠誠的人，也許就是剝削打敗了你。

所言即所想，所想即所言。記住，剝削者常會說你想聽的話，但那並不代表他是所言即所想。剝削者會滿足於能在權力上壓過別人，但這樣的權力絕不會持久。假如你想要身邊的人尊敬和信任你，那就從留心自己所說的話做起。當你給了保證，就要信守承諾。當你說會去做什麼，就要去做。

當你掌握了自己身上想要操縱和剝削別人的那部分時，你就踏出了把領導力的鴻溝發揮出來的第一步。

成為探索家型領導者

> 我們全都是發明家，各自在探索之旅中向外航行，各自靠著不會有一模一樣的私有航路圖來引導。世界全都是閘門，全都是機會。
>
> ——愛默生（Ralph Waldo Emerson；譯注：十九世紀美國文學家）

克服領導力鴻溝並成為傑出領導者的探索家，無不是學到了何時該依賴分析思維，何時該依賴直覺思維。在任何既定的局面中，兩種本能都是強而有力，並且都會提供寶貴的方向。但在領導工具箱內所要具備的屬性中，直覺是最強大的其中之一。直覺型領導者是組織的寶貴資產。見解和知識有它的一席之地，但傑出的領導者會對自己的直覺感到自在，並以此來領導。

雖然對許多人來說，直覺的觀念古老又神祕，但打從歲月初始以來，它就一直是關鍵決策的來源。隨著直覺往領導和管理的層面邁進，它也持續令研究人們著迷。在當代的研究中，有廣泛的主張都支持直覺對思考的重要性。

有很多人都把直覺視為第六感。簡單來說，直覺是潛意識心智如何與意識心智溝通的過程。雖然溝通是來自內心，但我們不一定信任它。心理學家蓋瑞·克萊恩（Gary A. Klein）表示：「對所有的人來說，直覺都是力量的重要來源。儘管如此，我們卻不懂得以這種方式來觀察自己，當他人要我們為自身的判斷辯護時，我們肯定不懂得解釋它的依據。」[10]

在世界各地，極為成功的領導者都會固定探索和展現直覺，然而在現今的組織中，它卻成不了交談的話題。領導者鮮少討論直覺式的預感或本性的感受，或許是因為會被同儕視為不科學或不合邏輯的管理取向。運用直覺可能會顯得軟弱，而沒有領導者會想要對別人顯得軟弱。但靠著我的訓練，領導者和組織對直覺的價值逐漸了然於胸，並努力改善本身在直覺思考上的技巧。直覺會促進更大的成功與更高的利潤、更好的決策，以及更永續的創新與服務。

大部分的領導者和主管在訓練思考時，過程都偏分析、邏輯且充滿推理。但有時候分析和邏輯並不足夠，而且領導者必須去重新思考自己知道什麼。當問題變得太複雜，或是大腦的左側（邏輯側）沒有足夠的資訊來帶出解方時，探索家型領導者就會運用直覺。在理想上，大腦的右側（視覺和創意側）和左側會協調運作來解決問題。

套用管理學思想領袖彼得．杜拉克（Peter Drucker）曾說過的話：

在應對商業問題時，不要試著去想出答案……而要聚焦於問題是什麼……假如為對的問題找了錯的答案，通常會有機會修正……但假如是為錯的問題找了對的答案，那就大錯特錯了……而商業就是做了太多這種事。[11]

北卡羅萊納大學威明頓（Wilmington）分校的管理學教授史蒂芬．哈波（Stephen Harper）則是這麼說：

由於本身在主觀判斷上的經驗，直覺型主管會有勇氣航向未知的水域。即使必須決定，大部分的主管也不願意，就是因為他們沒有足夠的資料或前例。不過，直覺型主管則不會猶豫；他會善用自己在方向與行動上的知識。[12]

對直覺要順從還是忽略，向來都是有目的的選擇。探索家要靠信任與堅韌才當得了。

探索家的其他定義特徵如下：

創新的高手。探索家會找東西來改變、改善或注入新願景。他所渴求的冒險是，要在舊地方找到新東西。探索家願意為了破壞事物的主要目的而踏上危險、困難或獨特的旅程。

願景的天賦。探索家有獨特的能力來設想新的現實，並需要把想法傳遞到世上。他有密集、仔細和徹底研究的修為；在創造時會先閱讀、鑽研和向人請益。

自信的力量。探索家相信自己能改造並受此所驅使。當別人斷定他的計畫妄想、瘋狂、不可能或愚蠢時，他會挺住。探索家有自信來把自己推向令人興奮的新地點，以及把公司、團隊或組織推向新大陸。

說服的能力。探索家對自己的想法極為熱情，並會學習要怎麼向別人推銷自己的願景。他致力於完善自己的簡報技巧，無論是正式或非正式。在建立支持的技巧上，探索家是高手。

果斷的本領。每位領導者有時候都必須迅速決定。探索者型領導者有個優勢：強而有力的直覺。他並不怕在沒有先跑過數字就承諾，他很自在於仰賴自己所能蒐集到的有限資料，以及相信自己的天性來形成決定。換句話說，探索家是靠直覺來領導。

理性的平衡。當理性思考癱瘓分析、阻隔直覺、太過聚焦於完美、凸顯恐懼，並阻擋新的學習時，它就可能成為阻礙。探索家不會把思維強鎖在框框裏，而會容許它自由，以揭露自己已經知道了什麼。

隨時隨地準備妥當。探索家會在情緒、生理和心理上，隨時隨地保持著比賽日的備戰狀態。他有本事去抵擋那些會把他擊倒並對他的願景有所質問的人，尤其是那些抗拒順從直覺的人。探索家了解，他的傑出不會來自於去做其他每個人所做的事，而會來自於去做他知道是對的事並突破極限。

傑出的探索者型領導者

傑夫．貝佐斯（Jeff Bezos）的天賦，是對網際網路的潛力和零售業的未來具備強而有力的見解。現在他正在邁入最終的邊境——太空。

莎拉．布蕾克莉（Sara Blakely）不但是創造產品，還創造機會，解決了女性甚至不知道自己有的問題。現在她是白手起家的億萬富豪。

奈爾．德葛拉司．泰森（Neil deGrasse Tyson）是美國天體物理學家暨海頓天文台（Hayden Planetarium）的台長。身為真正的太空及黑洞探索家，他在直覺上改變了我們親近科學的方式。

直覺是可貴的商業和領導技能，只有少數有天賦的領導者才知道要怎麼不費吹灰之力地加以善用。不過，我們全都有直覺；所差的只是要加以認清、培養並且學會運用，以及對依賴直覺感到自在。身處巨變時代，有全然可靠的東西是令人難以置信的資產。當領導者學會發揮直覺並把它應用在決策上時，連最大、最擺不平的問題都能加以解決。

在解決複雜的問題上，當照著邏輯卻行不通時，開明的主管、直覺型領導者照例就會依賴直覺。有的領導者會運用直覺，有的領導者則只會運用邏輯與分析思維。最好的一種領導者就是兩者兼備的探索家。

探索家的直覺語言，是發自內心扼要與持久的指令：

直覺是把推理擺在一邊的內在嚮導。有的人說，直覺是靈魂的語言；有的人認為，它是人的心；有的人相信，它是沒說出口的實話。無論你怎麼定義或體驗它，不可否認的是，直覺在領導上和在我們的生活中是必備的一環。

大家都知道，為有價值的事奮鬥是怎麼回事。我們就是拜驅力所賜，才會對使自己和世界更好的事有所企盼。我們會想要改善社會的不公平和世界的不正義，像是孟加拉的血汗工廠剝削工人。它要靠我們所有的人、企業中所有的探索家運用直覺，知道什麼是對的、什麼是公平正義，以及能靠什麼來為人類群體創造出更好的未來。

我們在世上需要探索家，那些知道要怎麼讓我們去重新思考我們自認為知道什麼的人。

為了消除貧窮、疾病和無知，我們需要探索家。

為了打破官僚和無效的組織設計，我們需要探索家。

為了摒棄自負、任性和浮誇，我們需要探索家。

我們必須相信自己的本能，並延攬、鼓勵和晉升有直覺見解的領導者。在決策、創意和創新上，這樣的見解在組織中正變得不可或缺。顧客對我們的直覺見解有所要求；客戶對它有所意識；消費者則會為它付出溢價。

假如要尋求傑出，你就需要探索家的心靈和直覺思維。

在探索家原型中認清自己

探索家會憑藉直覺，並有強烈的渴望去發現「眾人是誰」，包括自己在內，同時運用直覺來形成決策及採取行動。

你是探索家嗎？拿這些問題來問問自己：

- 身為領導者，你會在哪些方面探索？
- 你會在哪些方面憑藉直覺？
- 你相信自己的直覺嗎？為什麼或為什麼不？
- 你會如何善用自己的直覺？
- 你會在哪些方面運用操縱來達成所願？
- 在評估決定和局面時，你靠的是本性的感受還是會經過徹底分析，或是兩者都有？

這些不同的取向會如何影響結局？

第四章

吐實者

吐實者是受到真誠渴望助人所驅使，並且會在自己的誠實對別人派得上用場時勇敢直言，即使會有冒犯別人的風險也一樣。

對許多人來說，美式足球已取代棒球成為全美最愛的球賽，但在現實中，它更是遠甚於此。美式足球是生意，非常大的生意，特別是國家美式足球聯盟（NFL）。根據估計，聯盟球隊一年的營收總計超過一百億美元，其中有二十五隊至少各值十億美元以上。在最近一年，有超過一千七百萬個球迷進場看了NFL的球賽，所付的平均票價是八十四美元，還有兩億零兩百萬個球迷則是在電視上觀賞了NFL的球賽。[1] NFL的理事長羅傑．古德爾（Roger Goodell）一年可賺到四千四百萬美元，金額令其他所有運動聯盟的負責人和大部分的公司執行長都相形見絀。[2]

好賺的搖錢樹使球隊老闆和NFL的領導階層發了大財，所以可以理解的是，NFL對任何可能會威脅到它的事或人都極為敏感。

二〇〇二年九月二十四日，職業生涯長達十七年，在匹茲堡鋼鐵人隊和堪薩斯市酋長隊打過美式足球中鋒的麥克．韋伯斯特（Mike Webster）五十歲時英年早逝。麥克被許多人視為美式足球史上的最佳中鋒，四屆超級盃冠軍，參加過九屆職業盃明星賽，七屆全明星隊，並且是NFL職業美式足球名人堂的成員。在生涯的漫長歷程中，他也遭受了據估達兩萬五千次與其他球員的暴力碰撞。據判在過世的時候，韋伯斯特罹患了各式各樣的身心疾病，包括骨頭和肌肉疼痛、失憶、失智和憂鬱。他對處方止痛藥和利他能（Ritalin）

成癮，身無分文，無家可歸，而且離了婚。在去世前，他在小貨車上住了一段時間[3]，靠著品客（Pringles）洋芋片和小黛比（Little Debbie）胡桃捲度日。[4]

韋伯斯特過世後，遺體立刻遭人送往了匹茲堡的阿利根尼郡（Allegheny County）驗屍處接受例行相驗，以判定死因。那裏的法醫病理學家班奈特・奧瑪魯（Bennet Omalu）獲派執行相驗。奧瑪魯博士是一九六八年出生，一九九四年從奈及利亞移民到美國，並在西雅圖的華盛頓大學完成流行病學的研究。

根據《華盛頓郵報》（*Washington Post*）的報導，「看著韋伯斯特過世的新聞（死因並未公布），奧瑪魯很震驚的是，電視上有人談到他時，嘲笑了他的智力。奧瑪魯不禁想說，韋伯斯特或許罹患了**拳擊手失智症**（dementia pugilistica），或稱拳擊手腦病症候群」，[5]也就是拳擊手的運動會使頭部無可避免暴露在重複的打擊中，而使他們常罹患的病症。情況會造成記憶喪失、失智、頭暈目眩、語言問題、顫抖、行為暴躁，不一而足。

不過，當奧瑪魯博士摘除韋伯斯特的大腦來檢驗時，他卻驚訝地發現，至少在表面上，它儼然是完全正常，並沒有在拳擊手失智症的病例中清晰可見的挫傷。這令受過訓練的神經病理學家奧瑪魯百思不解，他深信必定是有某種運作機制造成了這位美式足球巨星嚴重的心智衰退。於是他決定更仔細來看看這位美式足球員的大腦。奧瑪魯自費製作了特殊的大腦組織切片，並透過顯微鏡來看。在顯微鏡的鏡頭下所看到的東西把他嚇了一跳：異常濤蛋白（tau protein）確鑿的紅色斑點就是大腦重複受到打擊的結果。奧瑪魯回憶說：「我必須確定切片就是韋伯斯特的切片。我又看了一遍。我看到了五十歲男性的大腦裏不該有的變化，也是看來正常的大腦裏不該有的變化。」[6]

在關切可能會牽連到其他職業美式足球員的健康下，二〇〇五年七月，奧瑪魯在醫學期刊《神經外科》（*Neurosurgery*）上發表了論文來描述他的發現。在這篇文章裏，奧瑪魯把他所發現的情況稱為**慢性創傷性腦病變**（chronic traumatic encephalopathy，CTE）。他深信NFL會張開雙臂接受他的發現，並用它來「矯治問題」。但奧瑪魯博士錯了。

NFL反而是展開了猛烈的攻勢來掩蓋發現，駁斥美式足球與CTE有任何關聯，並竭盡全力中傷奧瑪魯博士。在奧瑪魯的論文發表後不久，三個由NFL所資助的醫生艾拉．卡森（Ira Casson）、艾略特．佩爾曼（Elliot Pellman）和大衛．維亞諾（David Viano）便要求《神經外科》撤掉奧瑪魯的論文。在致編輯函裏，向NFL支薪的醫生說：「這些陳述的基礎完全誤解了相關的醫學文獻……奧瑪魯等人對慢性創傷性腦病變的描述完全錯誤。」[7] 期刊拒絕撤掉論文。

同時奧瑪魯博士則獲派再次去相驗備受矚目的美式足球員，這次是在匹茲堡鋼人隊打過後衛的泰瑞．隆恩（Terry Long），在四十五歲時自殺，漫長的症狀史幾乎跟韋伯斯特一模一樣。他也罹患了記憶喪失、憂鬱和精神病行為，並且破產又獨居。奧瑪魯博士檢查隆恩的大腦樣本時，發現了異常濤蛋白同樣確鑿的紅色斑點。它是CTE。奧瑪魯博士又在《神經外科》上發表了論文，這篇的基礎則是他在隆恩病例中的發現。

此時CTE和職業美式足球員的議題在媒體上引發了關注，奧瑪魯博士則處在風暴的中央。當記者向NFL詢問奧瑪魯博士的發現時，回應很快，而且負面：「荒唐」、「它不是適切的科學」、「純屬臆測」。有朋友警告奧瑪魯博士，他把發現中的實情說出來，使自己陷入了險境。「你所挑戰的是世界上最有權勢的組織之一，」有人告訴奧瑪魯博士，「或許有其他是你沒覺察到的事正在醞釀。要小心！」[8] 奧瑪魯博士自己的父親從奈及利亞打電話給他，怕兒子可能有殺身之禍：「不要再做這個工作了，班奈特。我聽過NFL不好的事；他們非常有權勢，而且其中有些不是好人！」

然而，奧瑪魯博士卻無視於要他停手的壓力，繼續為了吐實而追尋。他為另外兩位備受矚目的美式足球員檢查了大腦——在費城老鷹隊打過安全衛的安德烈．沃特斯（Andre Waters），以及在匹茲堡鋼人隊打過線衛的賈斯汀．史特爾澤克（Justin Strzelczyk）。結果都一樣，他們都確診為CTE。

二〇〇七年，隨著媒體上的壓力持續擴大，NFL的理事長古德爾召開了腦震盪峰會。應邀與會的有每支美式足球隊的醫生和防護員，連同一群科學家。在這群科學家當中，卻令人側目地少了當時在NFL的眼中已成頭號公敵的奧瑪魯博士。神經外科醫生朱利安·拜爾斯（Julian Bailes）是奧瑪魯的同事，他對局面的評論是：「他們試著要打壓他、封鎖他、排擠他，只因他是吹哨者。」[9]

電影《震盪效應》（*Concussion*）就是在講奧瑪魯博士的追尋故事，以引發公眾去關注CTE的實情。導演彼得·藍德斯曼（Peter Landesman）表示，NFL和它的盟友以各式各樣的方式去威脅奧瑪魯和他的家人，試著要他噤聲。「班奈特遭人跟蹤，」藍德斯曼說，「他常常遭到追趕。他下到停車場時，會發現車子的四個輪胎全都被刺了好幾回，並發生過好幾次。他們很害怕自己會遭到驅逐。他基本上就是被趕出了匹茲堡。」[10]

奧瑪魯博士最終被迫辭去了阿利根尼郡驗屍處的職位並另謀他職。到最後，他接受了加州鄉下中央谷地（Central Valley）聖華金郡（San Joaquin County）首席法醫的工作。

奧瑪魯博士的職涯毀了，職業聲譽遭到抹黑，個人生活也四分五裂，全都是因為NFL組織比較關切的是它的盈虧，而不是生活遭到CTE毀壞的退役美式足球員。奧瑪魯親口表示：「我很天真。有時候，我真希望自己從來沒有去看麥克·韋伯斯特的大腦。它把我捲進了我不想牽扯的世事裏。人類的卑劣、惡毒與自私。有人試著去掩蓋、控制資訊是如何發布。我為這件事起頭時，並不知道自己正走進地雷區。」[11]

然而，奧瑪魯博士卻繼續說實話。他覺得有必要坦率地對待受到這種可怕疾病所折磨的職業美式足球員和他們的妻小。

二〇一三年，針對聯盟隱匿腦震盪的危險，並太快就讓受傷的球員回到場上，NFL與四千多位加入集體訴訟的前美式足球員達成了七億六千五百萬美元的和解。和解在二〇一五年獲得了聯邦法官核准。在同意和解時，NFL並未承認在腦震盪的拖棚歹戲中有做錯。NFL的執行副總裁傑弗瑞・帕許（Jeffrey Pash）表示：「我們認為至關重要的是，對應得的球員與家人給予更多的幫助，而不是花費多年與成千上百萬美元去打官司。」[12]

NFL的聲明中沒有提到的是，要不是奧瑪魯博士的努力，就不會有和解，職業美式足球員的CTE實情或許永遠都不會曝光。此人的完整姓氏是Onyemalukwube，在他的母語中是指「假如你知道，那就站出來說」。奧瑪魯說：「在CTE之前，退休的美式足球員遭到了訕笑和輕蔑。我想他們正開始得到所需要的關注。」[13]

而我則是主張，他們總算是得到了應得的關注。

領導原型：吐實者

選擇的時刻就是吐實的時刻。它是我們在性格與才幹上的試驗點。

——史蒂芬．柯維（Stephen Covey；譯注：美國著名管理學大師）

吐實者強烈相信，自己有必要時時刻刻都對人們、顧客和社群開放、真誠與誠實。吐實者會毫不猶豫吐實，即使這代表坦率會令人難受。他說話開放又誠實，是受到真誠渴助人和為別人服務的真切意圖所驅使。對吐實者來說，有話直說是本分。吐實者總是問自己：「**我該在哪裏有話直說？**」

當個吐實者和為了對的事而挺身對抗別人絕非易事。但說話不誠實會讓吐實者深感衝突，所以他會在本能上加以避免。即使吐實或許偶爾會害到別人，但他仍衷心相信，不管後果為何，這麼做永遠是對的。

吐實者的成功關鍵：坦率

當時機要求把實情全盤托出並據以行事時，沉默就成了怯懦。

——聖雄甘地（Mahatma Gandhi）

在日常生活中說話坦率是我們所能做到最難的事之一。根據美國麻州大學所做的研究，有六成的成人在十分鐘的交談中，至少說一次謊。研究中也發現，在十分鐘的交談期間，說謊組的人平均說了三次謊。[14]

大部分的人都說想要聽到實情，但事實卻證明並非如此，有這麼多吐實者都因為本身的行動而遭到懲罰。如同古諺所說：「假如要吐實，那就把一腳套進馬鐙裏。」換句話說，要坦率說話時，也該準備好承擔吐露的後果。吐實者知道情況就是如此，但也不會打退堂鼓。

心智會把你的說謊傾向合理化，本心卻會催促你誠實與開放。

當你說話坦率時，就不必去追蹤自己對誰說了什麼，也避免了不小心自打嘴巴。身為領導者，你一說謊就必須把你對自己所騙的每個人說了什麼話銘記在心，而假如你不小心自打嘴巴，這就可能變得傷腦筋。

當你說話坦率時，就會贏得做人實在的名聲。身為領導者，你總是想要被當成說話坦率的人。有時候人們不見得想要聽到你必須說出口的話，然而對他們來說，知道實情還是比受騙要好。

當你吐實時，人們就會效法你並對你更實在。身為領導者，假如你告訴追隨你的人，你以前失敗過很多次，追隨者就會覺得自己很安全，**他們**失敗時也會告訴你。

身為領導者，騙人可能會有損自己的健康、關係和職涯。當你說話坦率時，當你誠實與開放時，壓力就會下降，你就能睡得比較好，感覺比較好，比較有食欲，看起來也比較好。根據聖母大學心理學教授阿妮塔．凱利（Anita Kelly）所做的研究，連對小事也致力於吐實的人所通報的身體健康症狀比對照組要少得多。他們感覺比較不緊繃，也比較少喉嚨痛、噁心和頭痛。[15]

當你吐實時，它會使你覺得自信與自豪；當你欺騙時，它則會使你覺得沮喪與苛責自己。

當你吐實時，你會比較有說服力和可信。如果要可信，你就必須一直坦率地有話直說——你必須一直吐實。

身為領導者，人們都在看著你，所以你說的話和做的事必須充滿實情和坦率。你的領導作風必須是吐實者的作風。

坦率的基礎就在於那些吐實者身上。當我們說話坦率時……

我們就會創造出有說服力的公司。

我們就會創造出有效的領導力。

我們就會創造出忠誠、敬業的員工。

我們就會創造出競爭優勢。

我們就會創造出有倫理的職場。

我們就會創造出誠信的文化。

無論情境為何，都要當個能讓別人依靠來吐實和說話坦率的人。

吐實者的領導力鴻溝：猜疑

對人的動機有所猜疑，他所做的每件事就會變得污穢。

——聖雄甘地

黛博拉是年輕的財務長，成功、聰明又認真。她對公司的財務極為熟稔，知道究竟該在什麼時候承擔風險，又該在什麼時候保守以對。黛博拉在工作上出類拔萃，公司也有所成長。

有一天，公司的執行長宣布將在年底退休，於是董事會放出消息，他們正在尋覓執行長的人選，而且想要從內部晉升。面試了幾位入選的人們後，包括兩位內部候選人在內，董事會決定黛博拉就是不二人選。於是在沒有大肆宣揚下，黛博拉便在成功又強盛的企業裏晉升到執行長。

起初，黛博拉並不確定是什麼使她成為董事會的首選，但她心想，他們是肯定她的賣力工作與付出。她很高興坐上了這個新職位，並期待在交接時得到董事會支持。黛博拉也有點緊張，自己不見得會立刻上手，但她確信在她的傑出團隊幫助下，應該不成問題，公司也會比以前更加成功。

新任執行長的首波工作之一，就是為新的產品線訂立商業計畫，而她在一週內就完成了扎實的草案。黛博拉向董事會提報商業計畫時，請求以資源來支持新產品的推出。董事會一致同意，並告訴黛博拉，他們會給她所需要的東西。

黛博拉帶著興奮離開了會場，並急著要跟產品團隊開會，以開始實行她的計畫。她想要讓董事會看看，她能做到什麼樣子。

但連一週都還沒過完，董事會就把黛博拉找了回去，並在沒有解釋或釐清下告訴她，他們改變了心意。他們並沒有依她所要求的給予一次到位的經費，而是告訴她，她必須依需要來提出，並逐次向整個董事會提報。

黛博拉變得暴怒。她關起門來告訴自己的團隊，董事會裏充滿了一堆說謊的人。不久後，她覺得受到董事會欺騙的暴怒便開始對黛博拉在辦公室裏的舉止產生了負面效應。面對黛博拉不斷的飆罵，她的團隊開始變得提防，猜疑與偏執則成了日常。

董事會意會到情況不對勁，只是不確定是怎麼回事。在一次週會上，他們要黛博拉替自己請個教練。「你必須學習當個領導者。」他們告訴她。

我最初開始與黛博拉共事時，看得出她對某件事很憤怒，但不清楚是由什麼所觸發。她不停告訴我，董事會裏充滿了說謊的人，「他們不說實話。」她說。在不清楚情況下，我便請她解釋。

她告訴我，幾個月前，她為新產品訂立了商業計畫，並請求以必要的資金來推廣。董事會在上面簽了字，然後一週過後，他們卻說不給資金了。「他們是騙徒！」她咆哮。

我要黛博拉冷靜下來，「我了解你覺得自己遭人糊弄，」我告訴她，「我聽到妳覺得受騙了。」

但我一直在想，事情的全貌是如何。我明顯感覺到，自己只聽到她的片面之詞。是什麼導致董事會在一次開會時對黛博拉說可以，接著在一週過後卻告訴她不行？

當我們受騙時，它可能會心痛不已，並可能使我們憤怒。但它也可能造成嚴重的領導力鴻溝，使我們對別人偏執與猜疑。董事會有他們的理由，卻沒有費心去告訴黛博拉。而他們沒有這麼做，就把潛在的傑出領導者變成了偏執的領導者。

在我們約見的頭幾週，黛博拉想談的全都是董事會裏的騙徒，以及他們的巨大失調。我建議我們跟董事會通電話，以便問問他們發生了什麼事，但她並不想這麼做。接著我便建議我們去向特定的董事問問發生了什麼事，而且是黛博拉過往所信任和尊敬的人。她同意了這點，並安排了會面。

會面的日子和時間到了，你可以感覺到緊張的氣氛。我的角色是傾聽和促進交談，希望能使我們得知究竟是發生了什麼事。目標則是要讓每個人提出本身的說法，並由黛博拉先來。她的語調真誠，但猜疑清晰可辨。「你們為什麼要騙我？董事會為什麼要對我說謊？」她問，「假如我沒有所需要的資金來推出新產品，我怎麼能成功？」

董事以詫異的眼神看著黛博拉，「我們並沒有騙你，」他語重心長地說，「我們沒有馬上把經費全部給你的原因，是因為我們在最後一刻，需要把其中一部分挪來回購股票。是有資金要給你，但不是馬上，我們目前還給不了。」

黛博拉問：「你是說我們還是拿得到推出新產品所需要的全部資金，只不過並非立即全給？」

「對，黛博拉，我們在董事會議上就告訴過你了。」董事回答。

兩人都安靜了。

董事會並不是故意要騙黛博拉，但董事確實對她隱瞞了資訊，這也是許多董事會常見的特質。在這個案例中，欺騙是以誤解的形式來呈現。結果就是黛博拉覺得自己受騙了，而使她變得猜疑與偏執，連帶使她的領導力遭殃。

隱瞞資訊比揭露實情要糟，不但對自己是如此，對自己所管理的人也是。假如我們覺得別人騙了我們，我們就會猜疑。猜疑就像病毒，一旦滲透到內心和腦海裏，就會影響我們是如何思考、行事和領導。

假如吐實者對猜疑屈服，結果可能會是場災難。

吐實者的領導力鴻溝原型：騙徒

> 人就是這麼簡單並這麼容易順從眼前的需求，所以騙徒永遠不缺行騙的受害者。
>
> ——馬基維利（Niccolò Machiavelli；譯注：著有《君王論》）

吐實者和騙徒一體兩面，是我們非常熟知的領導表徵。我們得知歷史上的騙徒，我們在新聞裏聽到他們的故事，我們在日常生活中遇到他們。世上充滿了騙徒。在某種程度上，或許我們全都是騙徒，而且我們必然全都受騙過。

原型騙徒的特色如下：

魅力十足。騙徒知道要怎麼把魅力運用到對自己有利，他們知道要怎麼引起關注並加以維繫。騙徒要公然說謊非常容易，他們能以最平順的方式說謊。他們會告訴你最不可置信的故事，而你就是會相信，即使情況告訴你它毫無道理。最有魅力的騙徒可以無往不利。

會操縱情緒。騙徒常會要你選邊站，或迫使你說出自己信任他們。雖然騙徒從來不可信，但他們就是有辦法讓你質問自己。

很會岔開話題。騙徒可以用傑出的手腕來改變主題。你們或許是就某個話題來展開交談，而在你察覺之前，你們已經在談別的事了。或者他們會用肢體語言來把你從真正需要討論的事情上岔開，像是微笑或靠得比較近，彷彿是有祕密要告訴你。

出了名的卸責高手。騙徒不會當責或扛責，反而是會找代罪羔羊。

專業的掛羊頭賣狗肉。騙徒或許會說服你，你有他的承諾或支持，可是當條件稍有變化或有些細微的條款不符合時，他就會尋找藉口。實情是，你從來就沒有得到他的承諾。

把內在的騙徒發揮出來

說謊和欺騙的麻煩在於，它的效率完全端賴於對假貨和騙徒所欲隱瞞實情的清楚觀念。

——漢娜．鄂蘭（Hannah Arendt，譯注：以研究極權主義而聞名的政治理論家）

謊言和欺騙跟著我們從出生到死亡，有時候會滲入我們在溝通時的每個角落，以及我們在公私關係裏的每道縫隙。我們想要相信說謊是壞事，然而我們也在教導和訓練欺騙。所以假如人人都說謊和欺騙，那當它發生時，甚至騙徒是我們確定在實情上可以仰賴的人時，它為什麼仍會使我們震驚？

吐實者必須有話直說，覺得受騙的人也必須有話直說。這是弄清局面並消除猜疑的唯一辦法。我們不見得總是喜歡自己所聽到的事，但至少我們會知道實情。

正視內在騙徒的一些方法如下：

不要讓自尊擊敗你。有時候你會成為騙徒，是因為有部分的你覺得自己不夠格、不安穩，或者甚至是脆弱，而導致你大感羞愧。這可能會使你用成套的謊言來把它全部掩蓋起來。但你不必讓自尊擊敗你。做自己應該就很好了，包括短處和一切。假如不是，那就用你的感受來改變自己的方向，並把情況變得不同。不要讓自尊擊敗你，而要學著把「做自己」的最佳部分給表現出來。

停止混淆實情。自欺會混淆你的實情；它會腐化你對別人和本身情境的看法，並削弱你做出明智和有益決定的能力。停止去閃躲實情。由於實情就是你的未來，所以你的未來或許是取決於在面對身邊所有的欺騙時，你有多善於在實情上設法維繫承諾。問問自己為什麼需要去欺騙，你會得到什麼，以及是否真的值得。

沒吐實的時候要坦承。有許多人很難去坦承自己錯了，於是就繼續說謊和欺騙。但有力量的不是說謊，而是實情。身為騙徒，你最終必須去選擇。儘管你所想要的是「自己知道」，但你必須坦承「自己不知道」，而且這樣也沒關係。你並不完美，你是不完美的凡人，有不完美的大腦，但你還是能決定尊重實情和它的確立過程。富蘭克林（Benjamin Franklin；譯注：美國開國元勳）很著名的是，在自己錯的時候特地去坦承，因為他相信聽取那些他不認同的人會減少自己對出錯的恐懼。

學著靈活以對。往往會欺騙的人都是以黑白來看世界。對於什麼是對或錯、事實或虛構，他們都是這麼僵化；而且他們總會在沙地上畫線。但人生並不是這樣運作。沒有一件事是全有或全無。身為人類，不靈活就可能導致失敗。身為傾向去使用欺騙的人，我們應該要發揮並跳脫本身的缺點，學著更加靈活與靈敏地重新開始。

當你能坦承而不是隱瞞使你覺得羞愧、脆弱或不夠格的事情時，你就離發自內心達成傑出更近了一步。

成為吐實者型領導者

即使遭到全體背棄，我也必須繼續為實情作證。今天我的聲音或許是在荒野裏，但假如它是實情之聲，當其他一切遭到噤聲時，就會有人聽到它。

——聖雄甘地

傑出的領導者會誠實與說話坦率。大家會尊敬吐實的人，連實話難以下嚥時也一樣。誠實的心靈會產生誠實的行動。對許多人來說，要永遠誠實和吐實似乎是不可能，但要增進坦率及減少欺騙倒是有方法。可以怎麼做的方法如下：

學習做一個吐實者。每件有意義的事都是從傑出的領導者開始。當實情在組織中付之闕如時，它也是從高層開始。誠實的領導者、身為吐實者的領導者會培育坦率的文化。要不然人們就會受到不信任、疑慮和誤解所驅使。最重要的是，他們會受到恐懼所驅使，而當恐懼出現時，說謊就會開始。讓誠實成為隱含的價值，但要記住的是，除非你和組織的其他領導者在本身的領導中親身示範和展現誠實，否則它就毫無意義。

每件事都要溝通，不要有所保留。溝通、溝通、再溝通，並且要毫無保留。除非有特定、誠實的理由不分享資訊，否則對員工重要的每件事都該告訴他們。當主管一直說有坦率的文化，卻不是真的透明時，在組織中就會啃蝕信任並製造猜疑。不要當那種容許謠言蔓延和八卦擴散的領導者。要當那種會溝通和敬業的領導者。

營造坦率和解決的文化。事情出錯時不要怪罪員工，而要尋找解方。人們應該要有空間犯錯，因為它是人在成長和發展時的正常環節，而且也會防止他們將來以說謊來掩蓋錯誤。要培育坦率的文化，使承認錯誤沒關係，在人前失敗也很安全。我們領導人們的最佳方式，就是為他們提供所需要的充足資源，從預算、人力到時間，以幫助他們實際做好必要的工作。如此一來，他們就不必為了沒有準時或沒有達到目標而找藉口。

排除不當的阻撓。把有礙人們表現的路障移開，並盡其所能排除掉會使人說謊的方針與原則。假如你提倡誠實，就不要處罰傳令員。假如你要求坦率，就不要修理吐實者。

同等對待每個人。強盛的文化就是始終都對每個人一視同仁的文化。不要讓人覺得彷彿是在對抗；要讓他們覺得自己很重要。不要徇私，也不要酬賞奉承。每位員工都該為自己說什麼和怎麼說負起責任。你會想促進的坦率文化，是每個人都願意誠實說話。

親身示範自己的高標準。要盡其所能讓別人知道，你不會雇用或容忍說謊的人、騙徒和作弊者。要維持高標準，而且天天都要盡其所能去達到。讓實話在你本身的領導和事業中成為固定的一環。

給出理由來讓他們變得更好。不要容許團隊悲觀。要給出東西來讓公司和人們發展及成長。讓人們知道，他們遠超出自己。要提供他們願景和前往的路徑，然後酬賞他們當吐實者和說話坦率。

傑出的吐實型領導者

隆納．雷根（Ronald Reagan；譯注：前美國總統）不怕說出心裏話，無論是關乎當時的蘇聯危機還是改革稅法的重要性。無論你認不認同他，你都能尊敬他把實話說出來。

盧英德（Indra Nooyi；譯注：前百事公司執行長）之所以成為箭靶，就是因為說出了心裏話，並且說在百事公司（PepsiCo）這種規模和版圖的公司裏，女性執行長也兼顧不了一切。盧英德說：「待在家裏當母親是全職工作。在公司當執行長則是身兼三份全職工作。你怎麼有辦法面面俱到？」

溫斯頓．邱吉爾（Winston Churchill；譯注：前英國首相）針對二次世界大戰的慘烈局面，把原原本本的實情固定告訴英國人民，而幫忙引導他們戰勝了納粹。據說他可以把最糟的情況告訴隨從，有如是在把它砸向大塊大塊的血肉。

吐實者是最獨特的原型，而且八成是最受誤解的原型。當他們坦率地有話直說時，並不是想要害人，而是受到強烈的正義感以及深切與強烈渴望要做出對的事所驅使。

當吐實者看到欺騙和謊言，經歷了不正義，或目睹別人正在受苦時，他們就會覺得必須說點和做點什麼。

對吐實者來說，誠實不是選擇而是天職。

在吐實者原型中認清自己

吐實者說話坦率，而且不怕說實話來對抗不公不義、說謊或貪婪。

你是吐實者嗎？自問以下問題：

- 說話坦率是在哪些方面對你重要？
- 什麼事會使你有話直說？
- 在哪些情況下，你會故意閃避實情？
- 你認為在什麼時候說謊或誤導沒關係？
- 你應該要在什麼時候直言不諱？

第五章

英雄

英雄無懼。他會在別人坐視時毫不猶豫地行動。

假如我請你寫下十個傑出商人的名字，是透過本身的行動而永遠改變世界走向的人們，亨利．福特（Henry Ford）十之八九會登上名單。每個人都聽過這位名人的故事，他以自己為名創立了汽車公司，並受人稱道地設計出了工業時代最重要的創新之一——移動式組裝線。而且每個人都聽過平價可靠的 T 型車在創造時的故事，使日常的美國人只要哪裏有路就去得了。

到一九一四年時，該車的銷售量已突破二十五萬輛。到一九一六年時，隨著基本旅行款的價格掉到只剩下三百六十美元，銷售量更達到了四十七萬兩千輛。福特在業界稱霸到使美國所有的汽車有半數都是福特 T 型車。不過以亨利所有的才華和所有的成功來說，他卻是深具缺陷的人。

一九一八年時，亨利把福特汽車公司（Ford Motor Company）的日常營運交給了兒子愛德索（Edsel Ford），並任命他為總裁。不過，儘管公司的領導階層經此變化，亨利對公司的重要事務仍保有最終決定權，所以對於至少在名義上是由他來領導的公司，愛德索並沒有什麼實權來做出任何一種重要的決定。

亨利的缺陷最終害慘了他，福特汽車公司因此蒙受了重大的財務損失。這家企業要靠身懷巨大勇氣的人來救援。出人意表的是，這位英雄竟然是愛德索。

愛德索・福特出生於一八九三年，是亨利和克拉拉・福特（Clara Ford）的獨子，而且跟父親不像的是，他過著優渥的生活。年輕時就跟著名人父親在修補車子，但隨著年歲漸長，他的興趣便轉向了設計。他念的是私校，並喜愛繪畫、攝影和運動。

愛德索跟父親不像的是，他受過教育、世故、年輕、風度翩翩。歷史學家史蒂芬・華茲（Steven Watts）表示：「在很多方面，亨利就是農家子弟，非常老派，沒受過什麼教育。」[1] 華茲繼續說：「愛德索（則是）非常善心、溫文儒雅、安靜的年輕人。」當愛德索決定擴建公司的行政大樓，以緩解過度擁擠時，雖然地基都挖下去了，亨利卻加以否決，並決定額外的員工空間是不必要的奢侈。而當愛德索告訴父親，他要用土把地基的洞給填滿，好讓地面恢復原狀時，父親又加以否決。亨利想要明白提醒愛德索，自己掌握了對福特汽車公司和他的最終權力。愛德索曾對朋友評論這起事件，「我不知道以這種方式羞辱我，父親到底是爽在哪裏。」

儘管亨利的T型車大獲成功，但到一九二〇年代時，車子卻露出了老態。T型車的銷售量達到了不起的一千萬輛後，車子的市占率便跌破了五成，因為消費者把注意力轉向了別的製造商令人興奮的新產品。通用汽車（General Motors，GM）的進步派執行長史隆（Alfred Sloan）意會到，消費者想要的車子不只是便宜、堅固與可靠，以及會把他們從A

點載到B點。隨著社會進步，他們想要買的車子會轉變為能把他們體面地載去目的地，即使是要花比較多的錢購買也無妨；而T型車正開始看起來像是去年的車款。

愛德索和福特領導團隊的其他關鍵成員看得出來需要改變了，而且要快，但亨利堅決反對為他心愛並視之為「世上最完美汽車」的T型車生產替代品。林肯汽車公司（Lincoln Motor Company）是在一九一七年由凱迪拉克（Cadillac）的其中一位創辦人所創立，當愛德索發現它有財務麻煩時，便極力遊說父親買下這個奄奄一息的品牌。到最後，亨利軟化了。一九二二年時，林肯被福特所收購。後來愛德索便聚焦於把林肯發展成福特的第一個豪華車品牌。

但這還不足以扭轉福特的命運。

在一九二六年一月給亨利的備忘錄裏，福特的副總裁恩斯特．康茲勒（Ernest Kanzler）寫道：「福特的顧客正投向其他製造商的懷抱……我們的競爭對手每多賣一輛車就變得更強，我們則變得更弱……新產品有其必要。」對於這份備忘錄，亨利可是一點都不高興，康茲勒在短短幾個月內就走人了。

但愛德索認同康茲勒的坦率評估，並勇敢地拒絕退卻。華茲表示：「愛德索變得深信的是，時代變了，消費者變得更精明，你就是需要推出新車款。」[2]愛德索跟父親抗爭了一年多，跑去亨利的辦公室強調自己的立場，有時候還把新車的計畫帶在身上。而亨利每次都把他打發掉。

不過，要不是有愛德索，以他和父親為名的公司今天或許就不存在了。儘管父親持續有意見，愛德索總算說服了他全面重新思考福特汽車的未來。要在快速演進的汽車市場上順利競爭，就必須為消費者提供選擇、造型選項和融資購買的新方式。愛德索知道情況就是如此，而且對於被尊為史上最傑出商人之一的父親，只有持續進攻並積極說服，公司才能與時俱進。福特的同事曾回憶說：「老先生就是相信，自己最知道怎樣對（大眾）才好。另一方面，愛德索則會試著提供大眾想要的產品。」[3]

一九二六年五月，隨著第一千五百萬輛T型車退出組裝線，福特汽車宣布將停產。取代它的將是由愛德索命名及設計的「全新福特汽車」。這款車原來就是時髦又新的A型車，第一年就賣出七十萬輛，扭轉了福特下滑的銷售量，也把公司從衰敗中拯救了出來。無奈的是，亨利從未原諒愛德索扼殺了T型車。

愛德索是勇敢拯救福特汽車公司的英雄。可以想像到的奢侈盡在他的掌握之中——財富、家庭，以及世上最傑出汽車公司的總裁職位；但他卻願意賭上一切，來拯救以他為名的公司。在福特汽車公司最需要英雄的時候，他就當起了英雄。

對於亨利的故事，也許我們該顛覆一般的見識來考量「誰才是真正的英雄」，哪個人才該被譽為美國商業和汽車業真正的傑出人士之一。

就像是愛德索，當別人都不準備跳進來時，英雄就會採取勇敢的行動。

儘管父親屢次努力要把兒子愛德索阻絕在外，愛德索最終還是拯救了亨利和他心愛的公司。假如耀眼但固執的亨利一意孤行，他心愛的T型車或許就是福特汽車公司所生產的最後一款車了。而假如亨利一意孤行，福特汽車公司今天還會在嗎？或許就不會了。

我們所居住的世界使我們得以自認無所不知。但這會導致我們思考不清使我們固執和任性，而且它還會為我們招來失敗。實情是，我們並不知道自己不知道什麼。要當個成功的領導者，我們有時就必須夠勇敢地說：「這不會管用。」而且我們必須夠英勇地說：「我不見得知道答案，但反正我會去試試看。」

在福特汽車公司，極少有人願意挑戰亨利。而在這極少數人當中，最重要的就是他兒子愛德索。要不是愛德索以勇敢、不斷又溫和的方式來英勇地說服父親，公司或許終究只會是美國汽車業的歷史注腳，或者只會是通用汽車的部門。實情是，決定做新款車來取代T型車的並不是亨利，而是愛德索。

設計它的是誰？

愛德索。
確保它做出來的是誰？
愛德索。
勇敢的人和福特汽車公司**真正**的英雄是誰？
愛德索。

領導原型：英雄

> 英雄是會拿出力氣來堅持和忍耐下去的普通人，儘管障礙無比巨大。
>
> ——克里斯多夫・李維（Christopher Reeve，譯注：飾演超人的招牌演員）

當別人袖手旁觀，等著有人站出來時，英雄就是會毫不猶豫行動的人。英雄很**勇敢**，願意為了一拚傑出而拿生涯來冒險。

當其他比較沒有勇氣的人不做時，英雄就是會行動。儘管恐懼並遭到無比巨大的反對，英雄就是會行動。

大部分的人並不是真的怕果敢，我們怕的是果敢要付出什麼。英雄會固定問自己：「哪裏需要勇氣？」

英雄的成功關鍵：勇氣

> 勇氣是對抗恐懼、掌握恐懼，而不是沒有恐懼。
>
> ——馬克・吐溫（Mark Twain；譯注：十九世紀美國知名作家）

我們並不是真的怕失去一切，我們怕的是自己一無所有時會怎樣。當你了解自己怕的是什麼，你就能學到勇敢是什麼意思。當我們把恐懼稀釋時，我們就會更有勇氣，勇氣也會給我們力量。

有人發現，勇氣是源自大腦深處。在以色列的雷霍沃特（Rehovot），由魏茨曼科學院（Weizmann Institute of Science）的亞丁．杜達伊（Yadin Dudai）博士所帶領的研究人們用功能性磁振造影（fMRI）掃描了實驗的自願者，並判定當受試者表現英勇時，大腦的特定部分就會活化，那就是前扣帶迴皮質（sgACC），血清素轉運體極為豐富的區域。杜達伊博士說：「我們的結果為大腦的過程和機制所提出的說明，印證了人類行為中令人玩味的層面；在持續的恐懼促使下，卻能從事與其相反的自願行動，也就是勇氣。」[4]

根據休士頓大學研究員布芮尼．布朗（Brené Brown；編按：暢銷書《脆弱的力量》作者）的研究，當我們相信自己不值得時，我們就會受到驅使去過著受恐懼擺布的日子。布朗說：「膽子現身以示人。它與承認自己的脆弱有關，以及了解到勇氣和人生中其他有意義的經驗，就是以此為發源地。」[5]

菲利普．金巴多（Philip Zimbardo）是史丹福大學的心理學榮譽教授，曾擔任美國心理學會（American Psychological Association）的會長，並且是英雄想像計畫（Heroic Imagination Project）的創辦人暨總裁。金巴多表示：「當我們詢問人們為什麼會變得英勇時，研究還沒有給出答案。可能是英雄比較有同情心或同理心，也許是有英雄基因，也許是因為他們的催產素水準……我們並不確知。」[6]

根據金巴多的研究，英雄氣概是有四種不同與明顯特徵的活動：

- 它展現出來是為了服務有需要的人，或是捍衛某些理想。
- 它是自願從事。
- 它在展現時，是認清了本身的身體健康或個人聲譽可能會有的風險與代價，而使人願意接受預期的犧牲。
- 它在展現時，並不會得到在行事當下所預期的外在收穫。

對每種原型來說，硬幣都有兩面，但它並不是誰好誰壞、什麼是惡和什麼不是這麼簡單。我們反倒必須去挑戰的想法是，誰是英雄和誰不是，勇敢是什麼意思和膽小是什麼意思，以及果敢和無懼要怎麼區分。

英雄的領導力鴻溝：恐懼

恐懼所打敗的人比世上任何東西都要多。

——愛默生（Ralph Waldo Emerson）

我們在商業和歷史上全都聽過的故事是，領導者袖手旁觀，看著自己的組織和人們覆滅，這種消極的行為讓那些目睹的人驚嚇不已。令人不解的是，曾經帶著熱情的領導者竟能坐視不管並就此放棄。他們不是我們當中真正的領導者嗎？他們為什麼管理不了危機？他們是不是失去了對使命的信念？簡單的答案就是，恐懼使人癱瘓。

無論領導者的恐懼根源是什麼，恐懼都可能對組織產生毀滅性的效應。

英雄的領導力鴻溝原型：旁觀者

會毀壞世界的不是那些為惡的人，而是那些看著它卻無所作為的人。

——愛因斯坦

泰瑞是非常有才華和技術的人，其職位負有重責大任，但基於某種原因，他並不願意站出來領導人們和組織。他實踐的是我所謂的**潛移默化式領導**，也就是期望人們在沒有支援或指示下自我領導。就他而言，這到頭來是嚴重不切實際的期望。人們要受到傑出的領導者啟發，在工作上才會更為堅定與敬業，並表現得更好。糟糕的領導者則會把組織搞得一團亂。員工異動增加，在工作上變得不敬業，績效低落，而導致非常實際的長短期損害。

我的任務是要幫助泰瑞抗拒當個旁觀者，並成為敬業而稱職的領導者，以免組織在他四周土崩瓦解。但在跟他初次見面的那一刻，我就知道這會是巨大的挑戰。我看得出來，他不善於應對人。他喜歡應對企業中的各種流程與作業遠勝於喜歡應對人。他很愛說：

「給我流程，我就會使它奏效。」他在組織的階層中往上爬，靠的就是奉命行事。而直到現在，他從來都沒擔當過領導的角色。

泰瑞獲得晉升時，奉命要達到大膽的目標。但說實話，對於要怎麼達到自己所同意的目標，他是毫無頭緒，因為泰瑞在本質上是主管。他重視控管、系統、數字、試算表和結構。泰瑞不會去啟發為他效力的人們，不會去跟別人建立信任，而且真的不知道要怎麼打造團隊，才能達到董事會為他所訂下的遠大目標。

對於他和公司來說，這當然就成了大問題，尤其是在需要做決定的時候。他所偏好的不是權衡選擇餘地並採取果斷的行動，而是避免去應對局面，無論好壞都任由情況自行發展。說實話，他缺乏領導力正使公司在虧錢，也賠上了他的成功。

當然，這樣的結局並不全然是他的錯。公司的董事會選擇了泰瑞，而不是一群非常有才華的候選人。他們想要酬賞他對公司的忠誠，並相信他會勝任愉快。可是當他並沒有成為他們所希望的那種領導者時，董事會便找上了我來幫忙。

對於需要改變什麼，我們討論了很多，可是泰瑞堅持，強勢領導不是他的作風。他寧可在流程、作業和程序的基本細節上下工夫。他告訴我：「只要我訂出對的流程，每件事和每個人就會全數到位。」

我向董事會傳達了我對於泰瑞吝於領導的關切，而他們也更加堅持。我獲得告知：「把他鍛鍊好就對了。」

我則回應說：「假如人不願意改變，那就沒什麼好鍛鍊了。」

毫不令人訝異的是，泰瑞最終無法達到董事會為他所訂下的目標，計畫也失敗了。當人們和組織需要英雄、會勇敢引路的人時，他卻選擇當個旁觀者。但泰瑞還沒完。他沒有為計畫失敗扛起責任，而是有意識地使局面變得更糟，把自己的失敗怪罪到人們頭上。他拿團隊當墊背，埋怨他們缺乏承諾與當責。

他沒有為領導上的錯誤擔負個人責任已經夠糟了，但很快變得一清二楚的是，他為什麼是不稱職的領導者，主要原因在於當一切崩解時，他卻當起旁觀者，並缺乏勇氣來為團隊挺身而出。

幾個月後，團隊還在那裏，但泰瑞卻丟了飯碗。

泰瑞去職後，董事會給我的任務是去收拾殘局，使領導團隊再次成為一體。這並非容易的差事，泰瑞在領導上所留下的餘毒，需要好一段時間才會從組織中排出。與當起旁觀者並缺乏勇氣的老闆對立，對人們造成了傷害並留下傷痕。但在對他們的經驗加以了解的誘因之後，我們不但得以成功，還超越了許多人的期望。

我們是以四個特定的步驟來做到這點。第一，我們承認並指明房間裏的大象，讓人在沒有恐懼或負面後果下有話直說。第二，我們不玩怪罪比賽，並解釋向前進比往後看重要。第三，我們把人們一起集結為社群。最後，我們為團隊提供有說服力的願景和有目的的使命，以便讓團隊向前進。

當你目睹悲劇，聽聞不公不義的事情，或是看到有人霸凌別人時，你會怎麼做？你會有話直說還是保持沉默？你會給予協助還是一走了之？

坐視的人和有話直說的人就是一線之隔。

有話直說的人很勇敢，我們稱之為英雄。而對有那些什麼都不做的人，我們則稱之為旁觀者。

旁觀者效應是指當其他的群體成員不採取英勇的行動時，群體中的個人就會傾向於避免採取英勇的行動。研究人們表示，群體裏的人愈多，其中的個人就愈傾向於當旁觀者。

為了探討變成囚犯或獄警的心理效應，在一九七一年時，金巴多和研究團隊設計了名為史丹福監獄實驗（Stanford Prison Experiment）的計畫。在當地的報紙上，團隊刊登了分類廣告來徵求自願者。

> 需要男大學生從事監獄生活的心理學研究。每天十五美元，為期一到兩週。[7]

來報名的自願者超過七十人，這批應徵者最後縮減成一組，有二十四人參與研究。金巴多和研究團隊把兩種角色隨機分派一種給各參與者：囚犯或獄警。最終指定了十二位參與者為囚犯，十二位參與者為獄警。

獲選參與實驗當囚犯的年輕人在家中遭到了帕羅奧圖（Palo Alto）的真員警「逮捕」，在警局做筆錄，並關進了史丹福大學喬丹廳（Jordan Hall）地下室的假監獄。在那裏，他們將遭到為期達十四天的囚禁。囚犯體驗了正常囚犯會經歷到的很多事，從身著獄服、強制脫衣搜身到單獨監禁。

在假監獄中扮演警衛角色的受試者獲得告知，要把自己當成真監獄裏的真獄警。他們受到交代不要虐待囚犯，或是對他們造成任何身體上的傷害，但他們也獲得告知，要讓囚犯知道誰才是老大。金巴多對獄警下達了這樣的作戰指示：

> 你可以對囚犯營造出無聊的感覺、某種程度的恐懼感；你可以營造出專斷的觀念，他們的生活完全是由我們、體系、你、我所控制……沒有我們允許，他們什麼都

不能做，什麼都不能說。[8]

為了使警衛看起來更真切，他們穿上了卡其制服並配發木棍，以展現出權威。如金巴多所說，目標是要促使參與者迷惘、去個人化和去個性化；而且參與者一下子就融入了所分派的角色。

第一天，一切都很好，囚犯感到無聊又安靜。不過到了第二天，當某些囚犯開始與獄警對立，就有了重大轉變。為了有所回應，某些警衛開始非常認真扮演起自己的角色，而變得極為殘忍。他們把權威措施強加在虐待狂囚犯的身上，有些甚至對囚犯施以心理折磨。許多囚犯被動接受了虐待，那些試著阻止的人則受到了騷擾和懲罰。

這進行了六天，直到金巴多因為虐待橫生而驟然終止實驗為止。在實驗中扮演警衛角色的戴夫．艾許曼（Dave Eshelman）說：

我在那裏有點是在做自己的實驗，就是說：「我能把這些事做到多徹底，以及這些人要受到多大的虐待，才會把『住手』說出口？」可是別的警衛並沒有阻止我。他們似乎是加入了。他們接受了我領導。沒有一個警衛說：「我認為我們不該這麼做。」[9]

史丹福監獄實驗多年來備受批評，但甚至到了今天，它仍持續在點出問題。好人是如何有可能變成行凶者？有權力的人為什麼會變得邪惡？對於有可能是虐待的行徑，有些人為什麼會傾向於視而不見及充耳不聞？

這些都是重要的問題。

在二次世界大戰期間，納粹軍官下令處死數百萬尤太人和其他「不良分子」（吉普賽人、共黨分子、同性戀、身心障礙者和其他人），那些知情的人卻坐視不管，有如旁觀者在看戲。

我們不必走向戰爭的極端，也不需要假的監獄實驗來觀察旁觀者效應的實況。我們必須做的一切，就只是走進自己的職場來看自己的主管做了什麼。

針對職場霸凌的研究透露出，百分之六十六．六的企業有現成的霸凌者，百分之五十八點二的參與者則表明，現成的霸凌者比較容易是老闆（經理、資深經理、執行長或執行董事）。[10] 工作上的霸凌是一大問題。可悲的是，有許多目睹霸凌的人卻什麼都不說或不做，反而當起旁觀者。他們或許會為霸凌開脫說，「噢，向來就是如此」或「他只是在開玩笑」，或者「這個霸凌的業務員帶給我們太多的生意，根本得罪不起。」事實在於，當職場中發生霸凌或恐嚇時，有很多人只是搬椅子等著看戲。大部分的人都相信，有人會處理，或者遭到霸凌的人可以顧好自己。當同事遭到霸凌時，卻不拿出作為來幫忙，這就是旁觀者效應的實情。

我們是會成為坐視並任由有害行為繼續存在的人之一，還是會成為採取勇敢立場的英雄之一？在每個職場、每個組織裏，每天都有機會讓勇敢的英雄原型浮現及領導。

把內在的旁觀者發揮出來

> 千萬不可、絕對不要當旁觀者。
>
> ——耶胡達・鮑爾（Yehuda Bauer；譯注：以色列歷史學者）

勇者無懼，要等到面對困難和挑戰時能夠管理好自己的恐懼，領導者才會成為**真正**的領導者。真正的領導者都是精進勤勉又盡己所能努力超越自己害怕的事，並重新思考自己知道什麼，這樣才能從自己的身上找到本身深切的無懼，準備成為前所未有地勇敢的人。

假如你要人們勇敢（你自己也是），那身為領導者的你就需要重新思考組織的文化，並自問它有沒有不分大小來支持和鼓勵有勇氣的舉動。

要有勇敢的文化，你就必須找到內在的英雄。它是把控制權從恐懼手上奪回來的英雄。英雄說：「我會找到勇氣去做我知道自己能辦到的事，即使我還不曉得要怎麼做。」

為了找到內在的英雄，你必須讓人們在勇敢時很安全，在跌倒時有緩衝。要做到這點，就要讓人們做自己。因為當你讓人們做自己很安全時，就是讓他們在賭一把和冒險時很安全。在安全停駐的文化裏，**每個人**都會茁壯。當人們覺得安全時，他們就會大舉冒險；而當他們不覺得安全時，他們就會避免做任何可能會使自己在犯錯或失敗時遭到怪罪的事。人們覺得愈安全，企業就會成就愈大，因為恐懼的氣氛消散了。

為了把內心的旁觀者發揮出來……

看到有事就要做些什麼。為了不想捲入，旁觀者很有一套，但身為指望果敢、勇敢和無懼的人，甚至是在一想到或許會有問題時，你就要特地去介入。不要因為「它向來就是如此」而置之不理。假如聽到了不尊重，你就要說點什麼；假如看到了不檢點，你就要做點什麼。所有的可疑行為都該立刻因應，以防止局面惡化。你的目的不是看著事情過去就算了；你的目的是要看到有事就做點什麼。

為自己出手介入。你對自己說過多少次「它就是這樣」？當日常生活持續不是如你所願時，停止坐視不管就是你的本分。不要扮演旁觀者的角色，而要制定計畫來改變需要改變的事，以便讓自己幸福又成功。

終結自己的被動。在很大的程度上，自己的人生與自己的幸福是由你來掌控。假如成功要找上你，你現在就必須果敢又堅信，而不是明天、晚一點、下週或下個月。果敢、無懼和勇氣必須從今天就開始，你不能只是坐視並妄想它發生。你必須是推動它的人。沒有人會來救援你，或是替你把事情矯治好。

成為自己知道所能成為的人。在自己的生活中當旁觀者並不會使你受益，所以也不要在別人的生活中當旁觀者。學著多運用同理心，讓人知道你是為了他們而在那裏，以便在他們需要你時幫助他們、引導他們和支持他們。不要自行認定，不是每個人都跟你一樣勇敢或無懼。要成為自己知道所能成為的人，並停止只是坐視，任由人生過去就算了。

你選擇不當旁觀者的那一刻，就是揭開內在英雄的那一刻。

成為英雄型領導者

逆境並不會創造出英雄。而是在逆境期間，我們內在的「英雄」才會展露出來。

——鮑勃·萊利（Bob Riley；譯注：美國政治人物）

人要怎樣才會成為別人的傑出領袖和英雄？要當傑出的領導者，你就必須以英勇和振奮的方式來領導人們。當英雄其實代表要為大我之事當僕人。聚焦於組織和人們的更大利益，而不是只聚焦於自己的需求，就會獲得巨大的回報。

hero（**英雄**）這個字與意指**服務**的拉丁字 servo 相關。傑出的領導者不單是英雄，也是人們、顧客、社群和整個世界的僕人。自認要依需求或科層來領導的人只會領導短時間。可是當你懷著僕人的心，以英雄的身分來領導，並勇敢地這麼做，目標則是要讓人們為了大我之事而努力，你就能達到你為自己和組織所訂下的任何目標。

勇氣是全面都需要——領導者、文化、團隊和公司。

當人們信任你的決定，而不是默默抵制你的一舉一動時，你就是有勇敢的領導力。

當員工示警專案正在急轉直下，而不是把議題隱藏到變成一觸即發的災難為止，你就是有勇敢的文化。

當員工來找你是為了補救他們所面對的問題，而不是把問題丟給你時，你就是有勇敢的團隊。

當人們在進度會議當中坦率又投入，而不是每次你一發言就禮貌地點頭時，你就是有勇敢的公司。

大部分的人都沒有花時間去思考，企業文化、領導力和公司是否足夠勇敢並且培植英雄。這是個錯誤，會喪失龐大的機會。當你有勇敢的文化和英勇的領導力時，你就會看到人們去嘗試技能以外的新事物，刻意找出領導機會，並提供點子來拓展團隊的觸角。當你有勇敢的文化時，你也會培育出人們的參與感、動機和承諾。

英勇的領導者會挺身而出。勇敢的領導者終其一生都知道，會有人想要壓制他們並希望他們失敗。但儘管受挫，他們仍會卓越地盡到本分。

英勇的領導者會獨樹一格。勇敢的領導者知道，不是每個人都會對他們必須說的話感興趣。反正他們就是有話直說，而拒絕變成隱形人。

英勇的領導者會昂然挺立。科學中提到「力量姿勢」，也就是身體挺直、雙腳打直並展開雙臂，會傳達力量並減輕壓力。哈佛和哥倫比亞大學的研究人們證明，練習幾分鐘的「力量姿勢」會增加睪酮素並降低皮質醇（壓力荷爾蒙）。

英勇的領導者會保持冷靜。勇敢的領導者知道，當情況變得艱難、情緒緊繃時，不是每件事都必須說出來。冷靜不代表軟弱；冷靜代表你很可靠。

英勇的領導者不會閃爍其詞。勇敢的領導者很果斷，知道自己力挺什麼和想要什麼。他們不會說「我想是吧」或「我猜是吧」。他們說起話來具有權威性，知道需要說什麼，並且會說出來。定義英雄的就是他們保持聚焦與堅決的勇氣。

那些啟發別人的人是英雄。

那些明智運用時間的人是英雄。

那些喜愛終身學習的人是英雄。

那些以勇氣來培養熱情的人是英雄。

那些光明正大地離經叛道的人是英雄。

那些天天都有勇敢之舉的人是英雄。

傑出的勇敢領導者

安東尼・甘迺迪（Anthony Kennedy）大法官在最高法院的許多案件上都投下關鍵一票。在各種激烈辯論的政治議題上，他聽從良心的勇氣在輿論的公審中都是獨樹一格。

馬拉拉（Malala Yousafzai）直言反對巴基斯坦不讓女孩受教育的壓迫，並且為此付出沉重的代價。然而她卻繼續直言，決心要達到目標。

J・K・羅琳（J. K. Rowling）曾經窮途潦倒又沒有選擇，但她擁有奮力不懈追求的想法和勇氣，即使希望不大。儘管不斷遭到拒絕，她仍堅持到底，而她的書已賣出了超過四億本。

靠勇敢來成為英雄，並承諾去挑戰所有錯的事，不管它是什麼樣的形式；這麼做的道德勇氣則是與正直的性格相連。

讓最受重視的個人美德（勇氣和同情心）成為你的引路燈，不管你覺不覺得自己準備好了。在思想和行動上要英勇。

訂出個人的榮譽守則，使你能每天活得自豪，並願意與別人共享。展現英雄氣概是為了服務別人和代表別人。英雄氣概可以發展、可以教導、可以訓練，一如其他無比重要的個人特徵。要當英雄就必須以社會中心為取向，而不是自我中心取向，因為每個人都有勇敢的本領。

任何人都能學會要怎麼勇敢。而且每個人都能去改造。包括你在內。

在英雄原型中認清自己

英雄會著手以勇敢的追尋去從事了不起的行動，並在這麼做時克服障礙，常常把別人的福祉擺在自身之前。

你是英雄嗎？拿這些問題來問問自己：

- 儘管掙扎，你會在哪些方面去面對恐懼？
- 身為領導者，你是如何展現出大膽，並鼓勵別人大膽？
- 你願意嘗試新事物的例子有哪些？

- 假如你無所恐懼，你就會把什麼做得有所不同？
- 你有沒有擔心過自己是旁觀者？為什麼有或為什麼沒有？

第六章

發明家

發明家是夢想家，不斷在創新和改進流程與產品。想法的誠信度是至高無上，而且他拒絕安於任何稱不上是卓越的事物。

現今在世界各地，大部分的大城市都有賣壽司，許多較小的城市也有。在雜貨店、好市多（Costco）的倉儲式走道上、7-Eleven，當然還有壽司吧，你輕易就能找到它。我們現今所知道的壽司是源自日本，廣被當成小吃達數世紀，最常賣給街邊攤位的忙人，拿在手上一下就吃掉，有如紐約市的熱狗。在它存在的大部分時候，壽司業從未嚮往過要多有分量。但那種曾經閒適的態度已大為改變。

銀座是東京市的一區，看起來、感覺起來和聞起來有如時報廣場（Times Square；譯注：位於紐約市）和羅迪歐大道（Rodeo Drive；譯注：位於洛杉磯比佛利山莊）愛的結晶，加上一抹拉斯維加斯的炫目。當地是高檔時裝精品店、百貨公司、酒店、汽車展間、餐廳、酒吧、藝廊和劇院的薈萃之處。夜色降臨時，閃爍的霓虹燈和巨大的播放螢幕就會創造出媲美世上任何一處的奪目五彩燈光秀。

但遠離所有的燈光，從無人不知的築地魚市場走上十五分鐘，沿著繁忙的晴海通，與東京地鐵的日比谷線平行前進。穿過銀座的主要購物街中央通後，過幾個路口，走左邊的樓梯深入通往地下的銀座地鐵站。找路通過繁忙的車站（該站平均每天有超過二十五萬個乘客使用），直到抵達C6出口為止。穿越刻有金字的雙層玻璃門組，只要幾秒鐘，你就會發現自己身在名為數寄屋橋次郎的小餐館門口外。

雖然從它隱身在地鐵站地下通道旁的地點，你絕對猜想不到，但數寄屋橋次郎本店是全世界公認最棒的壽司餐廳。它的十個位子難訂到極點，需要提前好幾個月訂才行，而且價位絲毫反映不出周邊環境或餐廳招牌菜的卑微出身。二十道菜的「任信」（omakase；編按：主廚自選的無菜單料理，客人完全信任師傅自行料理創作）菜單時價是令人咋舌的三萬兩千日圓，大約是每人兩百七十五美元。

這家壽司小店是如何吸引世界各地的食客？並連續八年獲得令人垂涎的米其林三星評等？不管菜餚如何，此等榮耀就把它送進了全世界頂尖餐廳的神壇。

祕訣就在於，九十一歲的男人付出一生來精通做壽司的藝術。小野二郎剛滿七歲時，家人迫切需要額外的收入，便把二郎送去包吃包住的餐館生活和工作。二郎說：「當時我年紀太小，無法成為園丁或木匠的學徒，當地的餐館是唯一肯收留我的地方。所以這就是我到頭來是怎麼進了這行。」[1]

在二郎的生活、內心和靈魂裏，壽司是深植到使他在睡覺時都會夢到它。即使到這個年紀，二郎仍在構思可以在餐廳裏試行的新技術和新做法，精益求精。在紀錄片《壽司之神》（*Jiro Dreams of Sushi*）裏，二郎說：「我把同樣的事做了一遍又一遍，一點一點來改進，希望做得更好。我會繼續爬，試著去登頂，但沒有人知道山頂在哪裏。」[2]

二郎是發明家，並爬上了業界的頂峰，靠的就是拒絕在創作上妥協，以及捍衛想法的誠信度。

如同世界各地許多了不起、有創意的人，二郎拒絕做出任何不符合他極端高標準的東西。他是以五種不同的方式來做到這點。

第一，二郎成了專家。在數寄屋橋次郎的早期，餐廳內有賣許多壽司以外的菜色。後來二郎意會到，眾人會狂嗑開胃菜和其他所上的食物，而等到用餐的末尾要吃那道壽司時，就只吃得下幾貫了。二郎就是在此時決定，要百分之百聚焦在壽司上。在數寄屋橋次郎點任信，你會拿到整整十九貫壽司和末尾的甜品，一般都是格外美味多汁的哈蜜瓜切片。上桌的壽司天天都會變，就看當天市場上所賣的海鮮是哪種最好，但每貫都帶著主廚的全神貫注。

第二，二郎找了最棒的進貨商，使他每天都能採買到最棒的食材。例如他跟某一種米的進貨商建立了長期關係，二郎認為它是世界上最棒的米，跟他的壽司是絕配。二郎跟米商的關係忠誠到，要是沒有二郎親口允許，進貨商就不會把這款特殊品種的米賣給其他任何人。同樣地，當二郎的兒子禎一每天早上騎著腳踏車去築地魚市場採買當天要上桌的魚、章魚、蝦和鰻魚時，他已經知道最棒的是在誰手上。各家供應商都是個別的專家，二郎則致力於與進貨商的長期關係。鮪魚的進貨商每天都挑選築地所供應最棒的鮪魚，然後自豪地出給數寄屋橋次郎。

第三，二郎在創作上是受到讓顧客開心所驅使。多年來，二郎都指示徒弟，章魚在準備上桌前要按摩三十分鐘。但本著二次世界大戰後受到日本汽車業和其他製造業者擁抱而著稱的持續改善精神，二郎決定自己可以而且應該要做得更好。於是二郎的徒弟所受到的指示就成為章魚在每天上桌前要按摩四十到四十五分鐘，而不是按摩三十分鐘，使它更加柔嫩與美味。

第四，他和團隊會親嘗本身的創作，以確保各項食材都在完美的顛峰。在餐廳裏工作的每個人整天下來預計都要試吃小口小口的食材，這裏一塊魚，那裏一小片海膽。假如有東西嘗起來不大對，那就會立刻丟掉，絕不許這些食材靠近顧客的盤子。

第五，或許也最重要，二郎是職人——「把奮力不懈追求完美的工匠精神透過本身的手藝來加以體現的人」。[3]二郎對現狀永不滿足。他知道他每一天都在賭上自己的誠信，而且假如有東西可以改善，他就會去做，而不管所需的成本或額外時間。二郎絕不接受未達完美的東西，但他知道，完美是漸成的狀態。它是永遠達不到的理想，但隨時都必須力求與追尋。

小野二郎是受到驅使要打造和保護想法誠信度的人。他的手藝是怎麼產生出來的，對他來說是毫無疑問。他是發明家、活榜樣、在卓越上從不妥協的人。

領導原型：發明家

> 困難莫過於導入新秩序，因為創新者會被所有那些在舊條件下過得不錯的人當成敵人，而那些在新條件下或許會過得不錯的人也無心相挺。
>
> ——馬基維利

發明家會不斷尋求最佳的方式來改善流程與產品，並完善自己的手藝。他們是實驗家，會下許多小賭注，並願意為了求勝而無懼失敗。他們會問的問題是：「**我們要怎樣才能把這個變得更好？**」

對發明家來說，維護想法的誠信度是至高無上。他們奉行著願景，妥協則不是選項。

他們在選擇時，看的是什麼對想法最好，並且會卓越地執行。發明家有高標準，並且會敦促別人配合。他們或許會考驗你，他們或許會挑戰你，他們或許會教導你，而且有時候他們或許會羞辱你，但一切都是了建立忠實的團隊，以便把願景化為現實。誠信會激勵他們為保護每個細節而奮鬥。依照定義，發明家會對現狀不滿足，但每一次都嚮往高標準與卓越。

發明家的成功關鍵：誠信

達到幸福是人生中唯一的道德目的，而且道德誠信就是靠那樣的幸福來證明，而不是靠痛苦或無所用心的自我放縱，因為它就是你以忠誠去達到本身價值的證明和結果。

——艾茵．蘭德（Ayn Rand；譯注：小說家、哲學家，著有《阿特拉斯聳聳肩》）

美國前參議員艾倫・辛普森（Alan K. Simpson）曾說：「假如有了誠信，其他的事就無關緊要了。假如沒有誠信，其他的事也無關緊要了。」[4]

在英文裏，誠信是指**堅守道德準則**。

在拉丁文裏，它是指**整體**——把你是誰**全部**聚集在一起，不分好壞長短。

在法文裏，它是指**完好無缺**——在任何情境下都能把你是誰保持得完好無缺，即使會有後果。

在希伯來文裏，它是指**力道**。當你有誠信時，你就是不容小覷的力道。

當我提到誠信時，腦海中就會浮現非常特定的事：

性格。辨認出你是**誰**，以及對你來說，什麼是對和錯。（你是**誰**。）

定見。承認你的定見來據以行事。（你是**什麼**。）

行為守則。恪遵個人的行為守則，以及你會如何行事。（你是**如何**。）

要有誠信，你就必須知道自己是誰；你就必須知道自己力挺什麼；你就必須知道要**如何**為了恪遵守則來行事。這樣的**誰**、**什麼**及**如何**全部加起來就形成了**整體**的人，一體、沒有裂解、是世上力道超強的人。有高度誠信的人在發明時，他會無可抵擋。

有誠信的人願意承擔創新的後果，無論是擾亂市場還是改變生活。無論有什麼障礙在阻擋，他都會遵從自己的定見，因為有誠信的人會力挺「自己是誰」的**全部**、「自己是什麼」的**全部**，以及「自己是如何」的**全部**。靠誠信而活的人做對的事不是因為必須如此，而是因為這樣對他來說才對。

幾年前，我應邀去對一群正在研究創業的大學生發表主題演講。那群人要我把演說奠基在要怎麼領導公司來做出成績和變得成功上。

那天到來時，我站在現場的前方說：「我來這裏是要跟各位談誠信。」學生爆出了掌聲。

他們的反應令我欣慰。當我應邀去談做出成績和變得更成功時，大部分的人都是要我去談在事業上變得更快和更迅速，或是降低成本。但這些有抱負的學生並不是在尋找捷徑、急就章，或是要怎麼為成功加壓的最佳做法。他們想要的是有意義的見解，而我就是要來把它傳授給他們。

我告訴他們，無論未來是追求什麼樣的職涯、培育哪種領導作風，或是發展什麼樣的創新，他們都會以人的身分來當責與負責。如我對學生所解釋，事業、領導和成功的一切，都是建立在誠信的美德之上，它是引路的力道。

誠信不是商學院會教的概念，也不會以商業計畫中的可達到目標或結局來衡量。但沒有誠信，就不會有創新，就不會有進步，就不會有任何有意義的成功。

沒有信任、誠實、信心和尊重，領導者就無法促進事業進步。一句話，這就是誠信。

培育誠信靠的是：

恪遵承諾。為自己所說的話和所做的事當責與負責。

說話誠實。令人難受的實情或許會傷人一陣子，但謊話則會永遠傷人。有誠信就是說出所有實情，連它或許會對關係產生負面的影響時也一樣。

保持固定的道德準則。做對的事並非總是容易，但那些有誠信的人不會在道德準則上妥協，即使它代表會嘗到苦果。

擁抱無所動搖的定見。創新需要承諾。千萬別在願景上妥協。

以尊重來對待每個人。要培育忠誠，最確定的方法就是以你同樣會期望的尊重來對待每個人。即使它對你不代表什麼，對他們卻可能代表了一切。

建立信任。沒有信任的地方，就不會有進步。稱職的領導者會啟發對願景的信賴。團隊必須信任你，才會追隨你。

要是贏得了尊重，珍惜了誠實，重視了承諾，獲得了信任，那誠信必然就會增長。要是沒有，誠信就會另謀出路。

假如人們不能相信你的話，不能了解你的動機，不能尊重你的性格，你的想法就沒有價值，因為你永遠建立不了所需要的團隊來把它化為現實。

誠信是從你開始。要把它當成你在領導和事業上的核心與靈魂。

缺乏誠信很容易就察覺到。當言詞與行動不符，當行動與保證不符，當承諾沒有信守時，團隊就無法同心，創新就無法產生，嚮往就無法達到。

到最後，我說服了大學生，要當個傑出的領導者、創新者、發明家，他們就必須固定以誠信來行事。要說服眾人跟隨你的願景和印證你的想法，你就必須可信；而要可信，你就必須可靠；而要可靠，你就必須高尚。

發明家的領導力鴻溝：腐化

> 腐化有如雪球，一旦滾動起來就一定會變大。
>
> ——查爾斯．迦勒．柯爾頓（Charles Caleb Colton；譯注：十九世紀英國作家）

當喬治和詹姆斯湊在一起，在都會型的大城市裏開設計事務所時，他們具備了傑出的願景和傑出的心靈。他們想要建立有意義並以誠信來運作的事業。

在合夥關係中，喬治是藝術家，念的是新英格蘭著名的設計學校，事務所的創意決定都是由他來主導。詹姆斯是企管碩士，喜歡鑽研組織的基本細節。他是要確保顧客有按時付帳並讓業者和員工滿意的人。兩人工作賣力，看起來彷彿正往重大的成功邁進。但在公司成立兩年後，我卻接到了喬治明顯不爽的電話。

「我不明白，」喬治說，「我們一起從頭建立了這份事業，詹姆斯卻這麼胡來！我實在無法想像，他為什麼會這麼做。」

喬治不知道的是，詹姆斯計畫蠶食鯨吞公司有很長的時間了。喬治認為，他們是一起在創造東西，但詹姆斯有別的想法——他純粹是為了自己。

我知道這件事情，是因為詹姆斯在幾個月前曾打電話要我幫忙他。

在我與詹姆斯見面的期間，他告訴我，以合夥人來說，他對喬治有所擔憂，而且他要我幫他釐清事情。詹姆斯再次和我談話時，則暗示他對喬治有一些倫理上的擔憂。他並沒有明講，這些倫理議題可能是什麼。事實上，他對整件事都是曖昧又閃躲。我覺得這不太對勁。我認識他們兩位是在我們一起努力來創立他們的公司時，而且在我看來，稱喬治有違倫理是言過其實。詹姆斯是不是試著在猜疑喬治的性格？我知道比起詹姆斯告訴我的情況，這件事有更多的內情。我看得出來，詹姆斯面臨了領導力鴻溝。

當人以自知有違倫理的方式來行事時，他就是腐化了。而且他會尋找盟友來讓自己覺得對勁。幾天後，我就非常清楚是發生了什麼事——詹姆斯試著爭取我當盟友。道德腐化隨時都在企業、團隊和家庭裏發生。但我並沒有買帳。

詹姆斯準備要自行把事業經營下去，而丟下合夥人喬治。但他並沒有直接明講自己想要怎樣，而是以暗黑手法中傷喬治。詹姆斯出手羞辱喬治，說他失德。他企圖爭取盟友到自己那邊，以藉此疏離合夥人。

詹姆斯自認得到了我的關注，確實如此，但方式並非如他所希望。對我來說，詹姆斯試著把喬治描繪成有違倫理、滿不在乎、自我中心、盛氣凌人、缺乏才幹的形象。但說實話，公司裏跟我談過話的每個人在以這種方式形容時，講的都是**詹姆斯**而不是喬治。詹姆斯的性格根源正在顯現，而且他試著把我拉攏到他那邊，也展現出他缺乏誠信。

可惜這段合夥關係埋下了破裂的種子，而且「回不去了」。我幫助他們設法終止了事業上的合夥關係，使他們得以也確實分道揚鑣來自組公司。喬治當然是一蹶不振，身邊少了詹姆斯，他不知道要怎樣才能把自己的公司經營好。

喬治不停對我說：「我覺得遭到背叛；我不明白是怎麼回事。我想要讓這管用，也非常努力在經營我們的合夥關係。為什麼他會這樣對我？為什麼他會以這種方式背叛我？」最後，詹姆斯的暗黑成為喬治的福氣，詹姆斯的性格缺陷到使他付出了代價。我們在分割公司時，沒有一位員工想跟詹姆斯走，但每個人都想跟喬治走。詹姆斯的事業最終失敗了，喬治的則是卓然有成。

有誠信的人會做對的事，連其他人都不做時也一樣，即使其他人都不指望也一樣，並不是因為他認為它會改變世界，而是因為他拒絕被世界改變。有誠信的人不需要是聖雄甘地或德蕾莎修女，而只需要去掌握價值，使它能訂下高標準，幫忙引導行動，並啟發別人去效法他。

誠信的真正考驗並不是你在最好的日子裏是如何，而是你在最糟的日子裏是如何行事。心智的內在態度有力量去改變生活的外在層面。不要讓心智去告訴心靈要做什麼，因為心智太容易就投降，心靈則會為它的定見而奮鬥。當你了解自己的定見是什麼時，它就能使你發揮長處並改善短處，誠信會使你成為完整的人。它會讓你意識到自己對別人所產生的衝擊與力道。

每一天都有許多不同的誘惑在威脅著要腐化你的誠信，七種致命的罪則充分總結了這些誘惑：發怒、貪婪、怠惰、驕傲、慾望、嫉妒和貪食。除了這些永存之罪，我們可能不時會感受到強烈但負面的情緒，它也是誠信的敵人。這些負面情緒會腐化並毀壞誠信：缺乏謙遜的傲慢，缺乏良心的暴怒，缺乏寬容的偏見，缺乏憤慨的犧牲，以及缺乏人性的羞愧。假如我們任由它接管，它就會在我們是誰和我們想要達到什麼之間劃出鴻溝。

發明家的領導力鴻溝原型：毀壞者

> 毀壞身邊之物就是在毀壞自己。
>
> ——佛陀

腐化的領導者會從內在來毀壞組織，對人們、顧客和社群造成非常切實的損害。他們不是把嚮往要創造進步的人們集結起來，使想法更好、產品更好、員工更好、團隊更好，而是在追求本身的目標時把事情變得更糟。沒有誠信的領導者就是腐化。沒有在發明的領導者就是在毀壞的領導者。

毀壞者不但在事業上腐化，還會在人們的心智、心靈與生活上胡來。

把內在的毀壞者發揮出來

> 首先你會毀壞那些創造價值的人。然後你會毀壞那些知道價值何在的人，他們也知道之前遭到毀壞的人事實上就是創造價值的人。但要等到再也沒有人能判斷或知道自己所做的事很野蠻，真正的野蠻才算開始。
>
> ——瑞薩德．卡普欽斯基（Ryszard Kapuscinski；譯注：波蘭作家）

發明家有誠信，毀壞者則是腐化，他們之間的鴻溝很清楚。這兩種相對的領導作風是以行動來區分。毀壞者缺乏誠信，允許急就章、旁門左道，以及在品質和標準上妥協。發明家則致力於落實個人價值，而不光是嘴上說說。為了克服毀壞者的領導力鴻溝，你必須斬釘截鐵地秉持高標準，讓誠信成為你在想法、使命和領導上的指引力道，並且每次都選擇傑出而非逞強。

試想你的優先順序：你的想法是為眾多人的利益服務，還是只為自己服務？假如你志在成為傑出的領導者，那就要重新思考自己是站在鴻溝的哪一邊，因為任何既定的局面都是由你來選擇。靠著堅持定見而不妥協，你就能成為傑出事物的創造者。但要是誠信沒有這種深度，你就會發現自己困在毀壞者的鴻溝裏，腐化、不肖又不道德。

尋找什麼是好，而非什麼是壞。毀壞者往往以負面角度看事情，而抵消了好事。要把事情翻轉過來，並把創意、才華和長處等部分發揮出來，唯一的方法就是去培育正面看待的習慣。正面以對是強而有力的工具，每當在某種局面下覺得脆弱，或者覺得像是有令人難受或苦惱的事發生時，就能從口袋裏把它掏出來。要打開原本打不開的人生之門，它就是所需要的萬能鑰匙。

試著讚美，而不要批評。對於事情要怎麼做，以及事情不該怎麼做，毀壞者總是專挑毛病。當你不斷批評時，並不會得到更多你想要的，而你需要的則會得到比較少。反而要試著去發現人們有什麼對了，而不是有什麼錯了，並看著他們在所做的事情上出類拔萃。

去當你想要在世上看到的人。人不會信任毀壞者。假如要人信任你，你必須值得別人信任。假如要人尊重你，你就要尊重自己也尊重別人。假如要人忠誠，你就必須對人忠誠。毀壞者需要了解到，他們必須成為自己想要在世上看到的人。

避免旁門左道。每個毀壞者都需要了解到，傑出的事從來不是靠旁門左道或吝於卓越來達到。千萬不要走旁門左道，也千萬不要接受任何二流的東西。要達到成功，靠的是對手藝的誠信、改變的力道，以及最重要的是大膽做到高尚。假如毀壞者自認能靠旁門左道來取勝，那就只是在矇騙自己。

當毀壞者會使好事腐化，並使傑出的事再無可能做得到。

成為發明型領導者

> 我們想要鼓勵創造者、發明家和貢獻者的世界，因為我們所住的這個世界、這個互動的世界是我們的。
>
> ——艾雅・貝蒂爾（Ayah Bdeir；譯注：美國工程師暨互動藝術家）

在性格的所有原則中，最至關重要的可能就是誠信。character（性格）這個字是起源於希臘字charassein，意指鮮明化或銘刻。我們在了解自己的性格需要是怎樣時，這個意義本身就會使它豐富得多——定義鮮明，並讓別人清楚看見。它不會做不到，也不會達不到；它是可以發展和強化的東西。

塑造誠信有賴於謙虛地反省自己是誰，並從廣大的經驗中尋求智慧。性格會不斷要求我們更仔細地去檢視自己最深層的動機。

誠信絕不可能是自以為是的性格宣言，因為誠信會不停要求我們對自己真實。它會固定要求我們，對於「自己是誰」和「自己在做什麼」要真切，繼而則是告訴我們，為了擁抱誠信，我們必須把它銘刻在性格裏。我們需要發展出能力來跟自己內在的衝動搏鬥，了解自己的缺失，辨認出自己的短處，並把它跟後果相連，因為誠信的性格不容許我們把鴻溝合理化或加以劃分。

誠信是個人的選擇，必須以固定的承諾來恪遵道德、倫理、精神與藝術上的原則而不妥協。

誠信要靠掌握智識來做到真切、透明和美德。在我們所做的每件事情上，我們的行動時時刻刻都必須反映出我們的言論。

我們的言論時時刻刻都必須反映出我們所顯現的意圖。

唯有當我們對自己的倫理原則當責時，誠信的性格才能銘刻於我們的內在。

哲學家史懷哲（Albert Schweitzer）曾經解釋：「生命的悲劇不是死亡，而是人在活著的時候，內心已死。」假如我們毀壞了「自己是誰」，我們就會變得腐化；創造和發明的力道將會從我們的內在死去。

在卡巴拉（Kabbalah；譯注：尤太教神祕主義）裏，生命之樹有兩面。一面是有了解智慧的選擇，另一面則是有管理選擇的結構。

誠信是我們所有部分的總和。整體性則是起源於我們選擇的智慧，以及我們是如何管理這些選擇。

發明家的誠信必須像是呼吸，是我們會做但鮮少會想到自己在做的事。

要成為發明家，並逐步超越毀壞者的領導力鴻溝：

認識自己。誠信首先是從原則、意圖和價值開始。誠信是奠基在價值而非個人利益上的深植行為。光有誠信並不會使你當上傑出的領導者，但沒有誠信絕對當不了。要認識自己，並持續認識自己；在領導的時候，時時刻刻都要重新思考自己是誰。

把個人標準訂高。發明家會受到驅使去盡力做到最好，並依照卓越的標準來評判自己。發明家所產出的每樣東西都必須是原創，並超乎別人預期。發明家會花費額外的心力去從人群中脫穎而出。人們會注視領導者，並模仿傑出的領導者是怎麼行事、怎麼說話。假如要尋求傑出，那就以最大的力道把自己和想法中最棒的部分表現出來。

恪遵承諾。簡單來說：每件事都要說到做到。假如基於任何原因，你履行不了承諾或保證，那就要負起責任。要當責，要可靠，要果斷，而且要堅定。

重視實在的溝通。大部分的領導者都偏好溝通好消息，而避免溝通壞消息。但有效的溝通要誠實、清楚又扼要。會使人相隔的不是距離，而是缺乏溝通。自行認定不但是關係的頭號殺手，也會腐蝕領導力。

要有意識去選擇。做對的事並非總是容易，尤其是有捷徑誘惑時。留心領導力鴻溝代表要重新思考自己是「怎麼做事」，以及「為什麼要做」。拿出智慧來，誠信向來都是對的方式。

以尊重來對待別人。誠信需要尊重，發明家則會警惕要有禮貌和體貼。要尊重文化差異、政治立場、創造性的意見，以及種族、年齡和性向上的所有歧異。發明家重視原創思考和表達，並且會對那些實行的人展現出尊重。

力求卓越。假如不想掉進腐化、毀滅式的習慣之中，那就要把力求卓越變成習慣。卓越可以是把平凡的事做到好得不得了；而且在大部分的時候，甚至是隨時，卓越都不是技能，而是態度。

傑出的發明家型領導者

華特・迪士尼（Walt Disney）的誠信傑出到，在迪士尼樂園的神奇王國（Magic Kingdom）城堡中，他堅持要在灰姑娘的壁畫裏，把惡毒異母姊姊的眼睛用不同色調的綠畫十二遍，這才找出了最能把他對嫉妒的想法給傳達出來的色調。

林－曼努爾・米蘭達（Lin-Manuel Miranda）在音樂劇《漢彌爾頓》（*Hamilton*）裏，靠著對歷史的創意詮釋而突破了極限（尤其是透過他多元選角的做法），但仍勤勉、忠實而不妥協地維持了該劇在歷史細節上的誠信。

布雷克・麥考斯基（Blake Mycoskie）是 TOMS 的創辦人暨贈鞋長，以及賣一捐一想法的幕後推手，該商業模式則是以所購買的每件產品來幫助有需要的人。布雷克發明了眾人所需要的東西，而且是以最高的標準和誠信來做。

發明家所體現的特殊類型領導力是以卓越創新為中心。達到傑出的人具有無所動搖的誠信，並且拒絕妥協。想想小野二郎，他為全世界的壽司訂下了新標準，而且他的誠信為那些和他做生意的人開啟忠誠。發明家不單是那些奮力不懈追求卓越的人，更是那些定義它的人。

在發明家原型中認清自己

發明家在跳脫框架思考時，仍會維持誠信。

你是發明家嗎？拿這些問題來問問自己：

- 有較高的標準對你為什麼重要？
- 什麼會啟發你的創意？
- 什麼會阻隔你的創意和創意流轉？
- 胡來會在哪些方面造成你的問題？
- 你會去做受到期待的事，還是會去做「對」的事？為什麼？

第七章

領航員

領航員是受人信任的領導者，會把人們帶向務實可行的結局、不複雜的解方和強而有力的結果。

艾絲特・富克斯（Ester Fuchs）是受人敬重的公共事務暨政治學教授，以及哥倫比亞大學國際公共事務學院（School of International and Public Affairs）城市及社會政策計畫（Urban and Social Policy Program）的主任。二〇〇二至二〇〇五年，艾絲特擔任時任紐約市長麥可・彭博（Michael Bloomberg）的治理及策略規畫特別顧問。她受命主掌三項關鍵的市長創舉，並且是第一位擔任紐約市憲章修訂委員會（Charter Revision Commission）主席的女性。

但她的出身卻卑微得多。

艾絲特是在皇后區貝賽（Bayside）的正統尤太家庭長大，是五個孩子中的老三。她母親在社區裏很活躍，她父親則是身為波蘭移民的鑽石切割師，在所屬的尤太教會裏當了四十年的領唱人。從小小年紀起，艾絲特就很會體察周遭的世界，並在政治上十分活躍。艾絲特表示，她最早的政治記憶是約翰・甘迺迪（John F. Kennedy）總統在一九六三年遭到暗殺。在她八年級的畢業紀念冊上，艾絲特在照片旁邊的留言是「不公平」。

她才十六歲就從貝賽高中畢業，然後念了皇后學院（Queens College）。在那段時間，艾絲特受到推舉進了郡委員會，並參加了封閉長島高速公路（Long Island Expressway）的反越戰示威。她拿到了布朗大學的碩士學位，以及芝加哥大學的博士學位，最終又回到紐約教書，先是在巴納德（Barnard），然後是在哥倫比亞。

富克斯所成就的事鮮少有人能成功做到：在美國最多人和最多元的城市裏，她領航並銜接了學術界象牙塔和街頭政治赤裸現實間的傳統鴻溝。艾絲特有難得的能力來因應市內一些最棘手的問題，靠的是搜尋和找出新的解方，然後把對的人請到檯面上來實行。她是靠信任別人來成就這點，換來的則是贏得他們的信任。

對富克斯來說，從學術界跨足去治理紐約市並不容易，但在九個月內，她就搞清楚了要怎麼去領航市府，並把她解決問題的做法應用到政府的官僚心態上。如艾絲特所說：「我認為是重大優點的事，原來竟然全都是重大的缺點。我心想，好吧，我願意賣力工作，我想要把事情做好，而且我不欠任何人任何東西。原來對主政的人來說，這些特質全都非常不吸引人，因為你怎麼控制得了那個人？你要怎麼去管理像那樣的人？」[1]

艾絲特意會到，代表彭博市長來列出、規畫和實行她自己的方案，她就能搞出名堂。艾絲特所受到的全然信任，使她受到一家報紙的記者稱為市長大腦的「左半球」。[2]

艾絲特固然熱切關心紐約客同仁每天所遇到的議題，但她也關心下一代的年輕人來準備及引領他們在應對這些問題上的角色。艾絲特說：「大部分的人都是一無所悉，所以我會教班上同學去重新思考問題。學生必須了解的動向是，你要如何了解問題，以及要如何應對政治過程來確保變革真的發生。假如你不了解州政府和市政府的關係，利益團體政治是怎麼運作，要怎麼用政治過程來制定變革，以及要怎麼領航政治過程，又怎麼找得到問題客觀的解方。」[3]

艾絲特和學生所處理的其中一個問題是，皇后區的牙買加灣（Jamaica Bay）遭到扔進大量垃圾的議題。

如艾絲特對學生所解釋，最容易的選項就是直接拿起電話打給衛生部的對口單位。你可以請那個人安排在牙買加灣岸邊設置更多垃圾桶，或是加強收垃圾的作業。不過，這種做法可能會造成沒有預料到的後果，像是需要增加該鄰里的城市預算，或是應對街友去翻垃圾桶。而且它並沒有真的切中問題的根源，那就是有人把垃圾扔進牙買加灣。

要不然，就是你可以試著了解是誰把垃圾丟進牙買加灣。這似乎像是簡單、明顯的事，你甚至是不見得會費心去想到的事。這必須更深入去挖掘，以試著了解對比另一塊水域，像是曼哈頓西側的哈德遜河（Hudson River），某一類垃圾在牙買加灣裏為什麼會特別多。當你領航得更深入，到頭來你就會發現，皇后區有廣大的印度人社群，其中一些人會在灣內從事宗教活動。垃圾主要都是食物和包材，被人當成供品送入海灣。[4]

所以解方接下來就成了與污染者有關的事——這些人是誰？他們不了解自己的儀式活動會有後果。在這種情況下，最好的做法或許是去拜會宗教社群的領袖，試著向他們解釋灣內所發生的事，並請他們想辦法在從事宗教活動時，不要在水裏留下垃圾和殘餘的食物。採取這種思路把艾絲特帶到了有效率和效能的解方上。

彭博市長信任她，並仰賴她來當自己在基層的眼睛和耳朵。她之前沒有擔任過政治職務，但她不但有聰明的頭腦，還有聰明的領航員心靈。

在哥倫比亞大學，艾絲特的學生也信任她，因為她會幫助他們以實用與務實的方式來領航和解決複雜又艱難的議題。

富克斯是領航員，會把別人帶到更聰明的解方上，無論是她的學生，還是主政或社群裏的人。

富克斯不是普通的女性。她是帶著領航員的心靈，以實用、務實的方式來成就不凡的壯舉。或許你會認為，這是每個人都具備的特質，但再想想看，有很多人會看著問題來尋求解方，但未必會得到結果。富克斯的天賦與不凡才華在於，她願意重新思考自己所知道的一切，以新穎的方式來了解問題，並直指事務的軸心。大部分的人都會迷失在細節裏，而富克斯之所以了不起以及大部分的人都想當然耳的是，她在領航度過困難的局面時，會以堅定而穩健的心智來啟發信任。

假如人們不信任你，你就無法領航他們。假如沒有人跟隨，你就無法在組織中引燃變革。領航員是要帶你去新的地方，而你要夠信任她才會跟隨。領航員會鼓勵你對問題採取新的做法，並構思更好的解方來得到結果。這就是為什麼富克斯是受到我們這個時代和世代最重要的一些人所信任的顧問。

領導原型：領航員

心智一擴延到新的想法上，就永遠不會回到原有的層面了。
——奧利弗・溫德爾・霍姆斯（Oliver Wendell Holmes；譯注：曾任美國最高法院大法官）

領航員知道自己需要往哪裏去，還會帶人去。他們會把這點做到很可信，使人信任並跟隨他們。領航員有辦法化複雜為簡單，化簡單為易懂。他們會高明地把組織和其中的人們帶向更好的結局。但首先，領航員必須能領航自己。

領航員會問的問題是：「我們要怎樣才能抵達需要前往的地方？」

領航員的成功關鍵：信任

要建立信任，首先就要珍惜及了解信任，但做法和練習也不可少。

——羅伯特・所羅門（Robert C. Solomon；譯注：已故美國哲學教授）

信任是領航員所與生俱來。首先，他們信任自己和自己的領導能力。但領航員如果要成功，就必須對別人建立起信任，正如同換來的就是贏得他們的信任。領航員有獨特的責任要去了解信任、贏得信任和建立信任，而且全都要同時進行。

信任是從內在開始。首先要承認自己的價值，對自我加以確認。

領導者信任自己時，就知道要怎麼信任追隨者。

老闆知道要怎麼信任自己時，就知道要怎麼信任員工。

老師知道要怎麼信任自己時，就知道要怎麼信任學生。

學生不信任自己時，通常就不信任權威。

父母知道要怎麼信任自己時，就知道要怎麼信任子女。

所有的信任都是從內在開始。

我們必須學會重視自己。

我們必須學會榮耀自己。

「信任」在字典中的定義是：「堅信某人或某事的可靠、真實、能力或長處。」[5]多年來，在跟領導者和組織談到信任時，我都是採用這個定義。可是更進一步去探索時，我發現在希伯來文中，信任這個字是 batach（寫成 בטח）。

除了「信任」，batach 還意指覺得安全和不在意。

不在意？

這個字引起了我的注意，因為不在意和信任是對立的，對吧？

而且我必須再次自問，與信任有關的**不在意**是什麼意思？

在多方思考後，我了解了。你信任某人時，就不必擔心他會攻擊你、占你便宜，或試著毀掉你。在知道自己安全的情形下，你就能無所在意地投入關係。無所在意是特權，會給我們了不起的自由與實現感。信任是毫無顧慮地去跟另一個人打交道；它讓我們無憂無慮，它讓我們覺得安全，它讓我們自由，它讓我們做真正的自己，而不用假裝或擔憂。

但信任會為我們帶來受傷的可能性。

那我們為什麼要冒這個險？根本的實情是，我們靠一起努力所成就的事會遠勝於單打獨鬥。

無論是國家元首、執行長、領導者、勞工、志工、學生、家長、老師或其他任何人，我們在隨便一天下來所遇到的局面大都牽涉到一定的信任度。而且你願意對別人建立的信任度可以幫助你在生活和職涯中前進，或者也可以拖累你。

我在執業時，常會遇到有人不信任自己，也難以信任別人。

信任的科學現今多半是建立在對荷爾蒙催產素的研究上，它會對人類的情緒與行動產生強而有力的效應。在科學期刊《自然》（*Nature*）裏，研究人們麥可・卡斯菲德（Michael Kosfeld）、馬可斯・海因里希斯（Markus Heinrichs）、保羅・札克（Paul Zak）、厄斯・費希巴舍（Urs Fischbacher）和恩斯特・費爾（Ernst Fehr）表明：

> 在非人類哺乳動物的社會依附和隸屬中，催產素是扮演關鍵角色的神經肽。我們在此所顯示出的，則是它的鼻內給藥會顯著增進人類之間的信任，從而大幅增進社會互動的益處。[6]

這項研究是在二〇〇一年展開，札克對大學生做了信任實驗，所基於的是他相信，對於他們從未見過的人、全然陌生的人，催產素會改變他們的互動方式。札克和研究同仁徵求了一群學生來實驗，然後每位參與者只要出席，他們就發給十美元。在TED演講中，札克解釋了實驗是如何進行下去的：

接著我們用電腦把他們兩兩配對。而且在每一對裏，有一人會收到訊息說：「你想要把到場所賺的十美元拿一些出來送給實驗室裏的他人嗎？」把戲在於，你看不到他；沒辦法跟他說話。你只會做一次。現在不管你拿多少出來，進到對方帳戶裏的都會是三倍。你會使他富有得多。而且他會收到電腦訊息說，第一個人寄了這筆錢給你。你想要全都留下，還是想要回贈一些金額？[7]

札克表示，第一個人起初把現金轉給第二個是在衡量信任。第二個人把現金第二次轉回給第一個則是在度量值得信任。札克說：「……經濟學家很納悶，第二個人為什麼真的會退回任何的錢。他們認定有錢很好；那為什麼不全都留下？」

但事情並沒有這樣發生。第一決定順位的學生有百分之九十把錢寄給了對方。研究人們最訝異的是，第二決定順位的學生收到錢後，有百分之九十五把一些錢退回給了一開始把錢給他們的學生。札克表示：

> 靠著測量催產素，我們發現第二個人收到的錢愈多，大腦所產生的催產素就愈多，而激發出的催產素愈多，他退回的錢就愈多。所以我們有值得信任的生物性。[8]

當你為他人做好事，他的大腦就會慫恿他卸下心防並同等回應。這是信任強而有力的生化基礎，並且是我們可以和事業與生活中的那些人多加建立的東西。大腦所產生的催產素愈多，我們就會愈信任，也愈快樂。

我們對待自己的方式會為我們對待別人的方式訂下標準。別人對待我們的方式就是我們會對待自己的方式。

不要安於信任以外的任何事。

領航員的領導力鴻溝：自負

心智愈小，自滿愈大。

——伊索（Aesop；譯注：古希臘寓言作家）

我的客戶是無數財經報紙和雜誌文章的報導對象，是非常有成就的主管。儘管他在媒體上、業內和商界擁有高知名度，但他的領導卻缺乏參與感。公司的人資主任找我過去，希望能幫忙這位執行長在組織內實行新的變革創舉。我接下了非常短期而直接的挑戰：「幫忙我們讓人們買帳。」

我跟執行長是在他以桃木鑲嵌的辦公套房裏見面，公司總部所在的高聳摩天大樓則是位於全國其中一個最大的城市。為了在首次會面期間就進入狀況，我請執行長針對接下來的變革創舉提供我一些背景。他在回應時大談變革，以及變革為什麼重要。對於所需要的變革，他似乎準備得非常充分，這點很棒，但接著我就開始問到比較細節、意在釐清的問題，像是：他們打算怎麼推出變革創舉？他們要怎麼讓人們對變革買帳？

執行長在回覆時，語氣無比自負，使我大吃一驚，「我們告訴他們要做什麼，他們就會照做。」

「你們的計畫真的是這樣嗎？」我問他。

「是。」執行長回答。

我告訴他，變革創舉比單是告訴人們要做什麼來得複雜一點。

他看著我說：「你當顧問的工作不就是要確保一切成功嗎？」

「那人們呢？」我問道。「你會把他們納入考慮嗎？」

「我們只要告訴他們必須做什麼，他們就得照做。」他重複道。

「那你呢？」我問道。「你有要盡的本分嗎？」

「你是什麼意思？」他問道，此時不只是對我的連串質問有點火大了。

「唔，除非由你做起，否則什麼都不會變。」我解釋說。

執行長點了點頭，像是他了解，可是我看得出來，他不是真的了解我的問題重要在哪。清晰可見的是，他對於實行變革創舉的想法是，只要他下令要做什麼，它就會發生。

但我坦白告訴他，這不是事情的運作之道。他的變革創舉不但會失敗，還會敗得一塌糊塗。

然後我對他說了另一句他不想聽到的話：「你必須是創舉的一部分，它才會成功。它必須來自於你，必須從你開始。」

他說：「我太忙了，做不了這一切。我就是要你來推行，而這也是為什麼我們會找上你！」

我問道：「假如你太忙而無法推行，你不認為其他每個人也會這麼覺得嗎？他們也會太忙而無法推行。假如你不空出時間，你要怎麼期待其他任何人空出時間？」

執行長花了好一陣子才了解到，他必須扛起責任。我該做的第一件事就是確保他了解到，假如要推行任何變革，首先必須由他開始。接著變革才會深入組織、文化和人們。

在他的腦海中，身為領導者的他指揮人們，他們就該擁抱他的想法。但他的領導力鴻溝就是他的自負。這位執行長期待不管他說什麼，人們都會信任並照做。對人們發號施令就是他對領導的想法。

我送給執行長一句非常重要的話：「給予信任，你就會得到信任。」當你信任人們，給他們所需要的東西，把他們當成願景的一部分，換來的就是他們會信任你。信任他們，他們就會跟隨你的領導。而不是反過來。

領航員的領導力鴻溝原型：矯治者

苦難吸引矯治者的方式，一如路倒動物吸引禿鷹。

——尤金・畢德生（Eugene H. Peterson；譯注：已故知名靈修作家）

我們想要為別人領航時，有時候會太過頭而惹火他人。因此，領航員的領導力鴻溝就是矯治者：想要幫得太多、矯治得太多和救援得太多。

領航員和矯治者之間的領導力鴻溝完全就是一線之隔，有時候很難劃清界線。領航員如果要有效把團隊帶往新的目的地、新的想法、新的冒險或新的解方，就必須贏得人們的最大信任。另一方面，假如領導者自滿或苛刻，一心期望別人應該來追隨，如此一來，領導者無法啟發他人這麼做。沒有人喜歡萬事通。

矯治者是沒人信任的領航員。

以下是領航員違反界線而成為矯治者最常見的方式：

當領航員變成慣性救援者時。當你是不請自來的幫手，抗拒不了誘惑而跳進去矯治每一個問題時，對那些你試著要幫忙的人來說，它很快就會變成打擾。意圖或許良善，但關注卻太過頭了。慣性救援者有自己的生活，但希望和目標卻是維繫在別人身上。矯治者把別人的需求看得比自己的重要，並從想要幫忙走向需要幫忙。他們想要其他人需要他們，並且會從一人到下一人把協助一路提供下去，以獲得被需要感。

當領航員變成長期矯治者時。當你從解決問題走向深度渴望拯救人們時，就很容易看到這可以招來多少麻煩。這些善意的領航員常是在助人的行業中追求職涯，以便能掌控和矯治其他人。他們自認最懂什麼對別人管用、什麼不管用，而且會拚命試著去照顧其他每個人。不過或許更糟糕的是，當本身的協助不再必要或不受歡迎時，他們就會覺得完全遭到拒絕。

當領航員變成情緒照顧者時。一旦你開始自我犧牲，你就知道自己再也不是領航員，反而成為堅持幫忙的情緒依賴者。這遠遠不是引導或帶領，而是被其他人的問題吸引，以至於把這當成了逃避自己責任的方式。

當領航員變成犧牲品時。有時候領航員會扮演烈士的角色。靠著不斷把別人的需求擺在自己的需求之前，他們就會產生自己受到需要的感覺。為別人的需求自我犧牲絕非好事。這些人常因為對別人關照到不可自拔而忽視自己。他們從來不會真正滿足，因為他們不關注自己的需求，而且會不斷覺得心力交瘁。即使如此，他們還是會鍥而不捨地幫忙，就算別人表明了不需要他們幫忙。

當領航員變成管家婆時。假如你對於人們是怎麼做事從來都不滿意，那你就是管家婆。假如你對於別人是怎麼工作總是感到沮喪，那你就是管家婆。假如你自認是唯一能把事情做好的人，並且是以對的方式來做，那你就是管家婆。在其中各個例子中，你對組織和其中的人們所造成的損害都大過益處。

你越界了嗎？

- 你是否發現自己在別人沒有求助下就出手幫忙？
- 你是否堅持以**你**認為別人需要幫忙的方式協助，而不是以**他們**認為需要你如何幫忙而伸出援手？
- 你是否希望你的救援行動會讓別人欣賞你？
- 你是否糾結於「為了幫忙別人而勞心勞力，導致自己無法專注完成本身的工作？」
- 當你幫不了某人時，你是否會覺得完全無能為力和沒有價值？

• 你幫忙別人，是否主要是因為它像是讓你得到正面關注的最好方式？

對於其中一個或多個問題，假如你回答了是，那你就是有界線上的問題。這個問題會干擾到你當成功領航員的能力，就看它有多大。

假如你在本身的領導作風裏能看到矯治者的元素，那信任就是在你和傑出之間形成阻隔的領導力鴻溝。花點時間去重新思考你對信任所知為何，以及它能如何造就或折損你的領導力。畢竟成為傑出的領導者代表在帶領組織去追求願景上，要能成為受到別人信任的人。

領航員和探索家有如一體兩面——探索家是在尋找新陸地，領航員則是在把船帶向岸邊去調查。

領航員是在幫助我們重新思考自己知道什麼。

去重新思考自己甚至不知道自己不知道的事。

領航員是替我們點火的人……

以學習新的事。

以聽到獨特的事。

以看到不同的事。

因為有了信任，領航員知道要怎麼觸動我們的心靈。

把內在的矯治者發揮出來

> 決定「不做什麼」跟決定「要做什麼」一樣重要。
>
> ——史蒂夫・賈伯斯（Steve Jobs；譯注：蘋果公司創辦人）

領航員不尊重界線時，就會遇到麻煩。每當好的領航員一發現自己所尋找的東西，就會有領航員在領導力鴻溝中迷失方向。把內在的矯治者發揮出來的一些方式如下：

矯治任何人之前，你必須先矯治自己。請一位傑出的教練或找個支持的朋友，來幫忙治癒你小時候所受的心靈創傷，並面對你成年後所經歷的一切失落。要把內在的矯治者發揮出來，這或許是最難的部分。它說起來比做起來要容易得多，因為身為人類的我們很複雜，而且身為矯治者的我們會想要把每件事都簡化。

信任人們能夠自立。你幫助別人反而會害他們不能自立。不要老是救援、照料、安慰、捍衛或支持別人，而要學著去當更好的傾聽者和更體諒的人。要有同情心和體貼，但不要提議去接管和照料事關另一個人的局面，學著做個啦啦隊員就好。

留心界線。倘若你是矯治者，有時候可能會遭到其他人的挑戰和問題，以至於無視於自己的界線。假如對你來說，這聽起來很熟悉，那只要留心自己的界線，並抵禦我和客戶所發明的**情緒人質症候群**（emotional hostage syndrome），這點就能減輕。這是指你為他人感同身受的強烈程度，使自己成了他們情緒上的人質。當這點發生時，你往往會迷失自己，並做出通常不會去做的事。假如你對其他人的感受深陷到無視於自己的感受，那就要畫出健全的界線。練習去擺脫你或許會為對方感到同理而引發的內疚與羞愧情緒，它可能會導致你去做本來不想做的事，最終使你覺得難受。在抗拒這股衝動時，你要把責任擺在他們而不是自己身上，因為它一開始就是屬於對方。

知道他們還是會愛你。假如你是矯治者，你會深切與強烈需要受到關愛或喜歡，而且由於這點為真，所以你會極為小心，不去做任何會造成身邊的人拒絕或捨棄你的事。為了掩蓋自己的這一面，你往往會去矯治和照料事情，好得到他人的關愛。它是難以接受的實情，但人們並不需要你為他們矯治事情才會去愛你或不離不棄。不要讓你的矯治成為一連串奮力不懈的犧牲。當烈士從來都不管用，沒有人會贏。

你停止當矯治者的那一刻，就是你了解領航天賦的那一刻。

成為領航型領導者

> 假如你的行動會啟發別人夢想更多、學習更多、做得更多和成為更多，那你就是領導者。
>
> ——約翰．昆西．亞當斯（John Quincy Adams，譯注：美國第六任總統）

在古典音樂上，你或許最不會想到的事就是，管弦樂團的指揮是領航員。數百年來，指揮都是以本身對樂譜的獨到見解來引領在管弦樂團中擔綱的樂手，有時候甚至會奮力不懈。查爾斯．海茲伍德（Charles Hazlewood）是在全球帶領不同管弦樂團的英國指揮家，他深信自己的工作所靠的不是強迫管弦樂團中的樂手，而是建立他們的信任感。

在TED的談話中，海茲伍德說：

在過往，指揮、演奏音樂較少是關乎信任，而且坦白說，較多是關乎強迫。直到二次世界大戰左右，指揮必定都是獨裁者。這些暴君式的人物所排練的不只是整個管弦樂團，還有其中的個人，簡直是要了他們的命。[9]

不過，在像海茲伍德等指揮家帶頭下，這樣的典範受到了動搖。海茲伍德繼續說：

我們現在對演奏音樂的看法和方式比較民主了，不是單行道，而是雙向道。身為指揮，我必須依照那段音樂外部結構的確鑿感來排練，然後裏面會有充沛的個人自由來讓管弦樂團的成員大顯身手。[10]

為了當個稱職的領航員和管弦樂團指揮，海茲伍德必須完全信任自己的心智、想法和肢體語言。因為在每一刻和每個動作裏，他的臉部表情、話語和手勢都會產生一翻兩瞪眼的結局。

他的指揮棒一揮動，管弦樂團就演奏。

他的指揮棒一歇手，管弦樂團就停止。

為了讓管弦樂團的團員傾聽、了解和行動，他們必須完全信任指揮的一舉一動。而海茲伍德也必須抱持的立場是，完全信任管弦樂團的團員會把他在腦中所設想和聽到的音樂產物演繹出來。海茲伍德說：「我和管弦樂團之間必須有不可動搖的信任羈絆，是出自互相尊重，從中就能編織出我們全都相信的音樂敘事。」[11]

指揮要成功，就必須信任自己說的是管弦樂團能了解的語言。管弦樂團則必須了解和信任指揮要的是什麼，然後每個人一起把他的手勢和示意演繹為一體。信任是一段美妙的音樂匯集在一起的方式。要是少了它，一切就會瓦解。

我們了解彼此時，就會信任彼此。

我們信任彼此時，就能一起演奏出最美妙的音樂。

人是怎麼跟另一個人搭起信任的橋梁？靠的是關注溝通、承諾、才幹和性格。

關注：溝通。重要的是眾人如何溝通，是專注傾聽還是說服別人？是回應還是反應？他們是如何溝通將決定我們是否會尊重他們。

關注：承諾。重要的是眾人是否信守承諾。他們的承諾度將決定我們會如何回應他們。

關注：才幹。重要的是眾人知道自己擅長什麼，以及本身的技能如何對改造有所貢獻。改變將發生在才幹裏。

關注：性格。重要的是你的性格。「你是誰」和「你是如何行事」將是給予、得到和培育信任的地方。

信任是實現黃金律的美德。當我們以自己想要受到對待的方式來對待別人時，它就會讓世界變成更有道德的地方。

信任不單是在我們的內心，還會向外擴及你認識的人和不認識的人——父母、同仁、同事、同儕、老師、老闆、領導者和世人。信任人際關係無比重要。

最傑出的領導者都是值得信任，並且會打造信任的文化。傑出職場研究所（Great Place to Work Institute）與《財星》（*Fortune*）雜誌每年都會選出百大最理想的任職公司，它表示堅定與敬業的員工信任管理階層時，表現會提高百分之二十，從組織離職的機率則低了百分之八十七。不但如此，在「百大最理想任職公司」的榜單上，公開上市公司的財務表現也比各大股價指數好上百分之三百，自願離職率則是競爭對手的一半。[12] 在百大最理想公司的榜單上，決定公司排名的調查評分有三分之二是以「員工信任指數調查」的結果為準。

值得信任的領導者會領導出財務健全的公司。他們能在同期的人掙扎時度過經濟風暴，他們會吸引並留住最優秀的人才，而且他們會持續高水準地創新與解決問題。

他們是老練的領航員，知道要怎麼引導、指示、鼓勵和挑戰，讓人們把最好的一面貢獻出來，因為身為領導者，他們也會同樣要求自己。

值得信任的領導者知道，他們與別人的關係是成功的關鍵，不管他們的成功是怎麼衡量。值得信任的領導者也會心智獨立到足以自行思考，而不會只是隨波逐流。他們是強勢的領導者，會留心自己要什麼。他們有領航員的特殊領導作風，並知道要把事情做到傑出，就要把一群人聚在一起。而打造傑出事物的方式就是從信任開始。

以榮耀來展現信任。榮耀是來自給予；也是來自獲贈。當你高尚時，它代表你是依照有美德和道德的特定行為守則來過日子。人都會去榮耀那些信任高尚個人的人。

以欣賞來展現信任。為了在技能和美德上有才幹的人而表示欣賞，為了他們是誰而欣賞他們，因為它是使我們開心或有共鳴的事。當我們表示欣賞時，我們會說「我很尊敬你使我心有所感」，或是「我很尊敬你所做的事」。

以珍惜來展現信任。表示珍惜就是在肯定把工作給做好的成就。人工作或許是為了賺錢，但他們會為了肯定和欣賞而多盡一分力。

以敬重來展現信任。你對某人是高度敬重時，就是在清楚展現你重視他。假如你對某人是低度敬重，那你就是沒那麼重視他。

以崇敬來展現。對別人表示崇敬是來自深刻的感受——深深尊敬另一個人。你對誰的美德高度評價，就要對那些人致敬。

在任何新事物上，不可能預見到會發生的每件事，但這就是領航員出類拔萃的地方。領航員善於瞭望、帶領、引導和採取行動，並在必要時沿路自我修正路徑。

他們會大量思考，然後爭取別人的幫助。

他們會考慮到才華和訓練，以及本身當領航員、有時候也許甚至是老師的責任。而且他們會學著保持冷靜，並分析方法的各個步驟，因為每件事對領航員都很要緊。

領航員會把自己確立為你可以仰賴的人，因為他們……

誠信。領航員在為你引路時，會帶著你同行。他們會給予和得到信任。

樂觀。領航員有希望和信心，會把需要做到的事給做到。他們會把手上的一切和更多都端到台面上。

愛。領航員知道，愛會征服一切。他們會帶來心靈的無私以及對奉獻的熱愛。當人對志業深刻奉獻時，任何事都有可能發生。

傑出的領航員型領導者

前紐約市長**麥可．彭博**靠著受到信任的資訊而擴展了事業，然後發揮他為自己所贏得受到信任的名聲，領導紐約市度過了困難的金融危機。

雪柔．桑德伯格（Sheryl Sandberg）是靠當個受到信任的顧問而建立了職涯，先是對賴瑞．桑默斯（Larry Summers），然後是對馬克．祖克柏（Mark Zuckerberg），現在則是對成千上百萬的各地女性。

納西姆．尼可拉斯．塔雷伯（Nassim Nicholas Taleb；編按：《黑天鵝效應》作者）是聚焦於隨機性、或然率和不確定性等問題，並且有獨特和強而有力的方法來領航問題，以幫助我們找到解方。

當你想要改造自己的生活和別人的生活時，就去擁抱領航員的原型。把自己的領導力從良好提升到傑出。假如路上有障礙物，就去當領航員來找出繞過它的務實辦法。以面對挑戰的決心來不斷尋找替代路徑，同時邀請別人加入。要成為受到信任的領航員，帶領而不指使，引導而不操縱，駕馭而不控制。

在領航員原型中認清自己

領航員知道信任的重要性。他所提供的務實解方是根源於豐富的經驗和宏大的觀點。

你是領航員嗎？拿這些問題來問問自己：

- 誰會來找你商量，為什麼？
- 沒人要求時，你會在哪些方面給予建議？
- 人們有問題時會來找你嗎？你為什麼會認為是如此？
- 為了從較大的格局來看事情，你會怎麼做？
- 假如任務儼然很困難或複雜，你是會自然地就試著避開它？還是處理它，而結果又是什麼？

第八章

騎士

騎士是信念無所動搖的忠誠保護者、倡導者和捍衛者。

你知道嗎？雜貨店架上滿是糖分的盒裝麥片、冷藏櫃裏的小杯脫脂巧克力布丁（也是飽含糖分）或那些低脂酥烤糕點（又是富含糖分）對你很健康，杏仁、酪梨和鮭魚卻不然？主掌美國食藥署（FDA）的政客和官僚表示，答案確實如此。事實上，美國食藥署就是判定對美國人來說，加工點心比杏仁、酪梨和鮭魚之類的未加工全食要來得健康。

這個奇怪但真實的故事始於一九九〇年，當時美國國會通過「營養標示及教育法」（Nutrition Labeling Education Act），要求美國食藥署規範食品標示中對營養成分聲明的使用。立法的用意，是為了確保不肖廠商不會試著把有礙健康的食品冒充為有益健康，但「始料未及後果定律」（Law of Unintended Consequences）卻導致了各式各樣意想不到的結局。一九九三年，美國食藥署在定義**健康**這個詞時，普遍的共識是把**任何**一種脂肪都視為有害，而把碳水化合物（包括糖分在內）視為有益。所以要被食藥署視為健康，食品就必須是低脂或完全無脂。

時間快轉到二〇一五年三月十七日，美國食藥署向良善公司（KIND, LLC）創辦人兼執行長丹尼爾．盧貝斯基（Daniel Lubetzky）發出緊急警告函，以通知他的公司，它有四款人氣零食能量棒違反了「聯邦食藥品及化妝品法」（Federal Food, Drug, and Cosmetic Act）。特別是有四款能量棒含有超過一公克的飽和脂肪，而且每四十公克重的產品所含的總脂肪就超過了三公克。

即使能量棒的糖分相對低，但能量棒裏所含的杏仁、腰果、花生等堅果仍有天然脂肪。因此根據食藥署的邏輯，能量棒不值得標示為對你有益。實際上，依照法律的字義，良善能量棒就是不健康，即使它所含的天然脂肪其實是對你有益。

雖然美國聯邦政府目前把同樣這些堅果推薦為健康飲食的一部分，標示規則卻尚未更新到把目前的思維給反映出來。事實上，這些守則仍鼓勵食用二十年前所流行的糖分和其他碳水化合物。

盧貝斯基在道德上受到了食藥署冒犯，不單是因為政府來函可能會引發那種使行銷長做噩夢的壞印象。丹尼爾所建立的是有倫理的公司，而且他百分之百忠於公司所代表的理想、購買旗下產品的顧客，以及他們所居住的社區。丹尼爾所做的每件事都是以這個簡單的信念為軸心：生意不是只有利潤。丹尼爾建立良善公司是為了正面改造世界，並致力於竭盡所能去確保這家公司會無所妥協地改善民眾的生活。

在八歲生日前，盧貝斯基就是不折不扣的創業家了。他所創立的第一份事業，是在墨西哥市表演魔術秀。他在十幾歲時跟家人搬到美國，開啟了割草服務，然後是在當地的跳蚤市場販賣手表的生意。高中畢業後，丹尼爾上了三一大學，並拿到了（經濟學和國際關係的）學士學位，同時拓展了手表生意，租了小攤位來銷售產品。

在三一大學時，丹尼爾對進行中的以阿衝突很感興趣，並開始想自己能做什麼以幫忙解決當地的問題。丹尼爾年輕時，身為大屠殺倖存者的父親對他說過的故事，就是小時候在納粹占領期間和集中營裏的經歷。有的故事令人不寒而慄，有的則令人鼓舞。在達豪（Dachau），有納粹警衛同情飢腸轆轆的丹尼爾父親，便拿了爛掉的馬鈴薯給他吃。假如營區的指揮官發現，警衛就會遭到嚴懲；這個小小的良善加上求生的韌性，幫助丹尼爾父親活了下來。

從史丹福法學院畢業並在麥肯錫（McKinsey & Company）短暫工作之後，丹尼爾決定把前景看好的法律職涯擺在一邊，並接受去以色列研究一年。他將在那裏依照以阿合作提案來幫忙起草立法。一九九四年，他創立了「和平工作」（PeaceWorks），是「透過企業來為和平」奉獻的組織，主要是行銷由以色列人和阿拉伯人一起努力生產的一款人氣青醬和酸豆橄欖醬。盧貝斯基說：「我努力在人與人之間搭起橋梁可直接歸結到，我承諾要防止發生在我爸身上的事再次發生在別人身上。」[1]

父親在二〇〇三年過世後，丹尼爾便致力於透過良善公司來榮耀他的遺澤，並在二〇〇四年成立了良善來創造和銷售健康的零食能量棒，同時在人與人之間搭起橋梁。經過十年多一點後，丹尼爾已賣出超過十億根「良善能量棒」，還發起了良善運動（KIND Movement）。該公司表示，它啟發了超過一百萬件善行，甚至是小到遞冷飲給建築工人、發起外套募捐、寫感謝函給當地的英雄，以及靠送咖啡來給同事驚喜。盧貝斯基說：「良善運動是讓民眾在情緒上與我們連結的社群，因為我們所做的事就是在為世界帶來改變。」[2]

丹尼爾以對旗下的人們和良善的志業極為忠誠而自豪。這份忠誠是深植在公司的每項流程和作業裏，並且從公司的徵才活動便開始。丹尼爾說：「我們對徵才非常講究，因為我們把團隊稱為家人，每位全職成員都將真正成為在日常生活中擔任品牌大使的共同業主和股東。」[3]

食藥署的來函最終並沒有毀掉良善的組織；它挺住了。不要搞錯，食藥署的來函是有引發負面效應，但丹尼爾花了時間去重新思考，公司有倫理並對顧客許下承諾是什麼意思。良善迅速宣布，在「全世界一些一流的營養、公衛和公共政策專家」支持下，公司向食藥署提交了公民請願書，以敦促該機關針對食品標示上的健康用詞來更新相關規範。[4]

盧貝斯基說：「經驗很痛，但卻使我們更強了。等過五年回頭來看，由於我們所學到的事，以及我們與顧客的忠誠關係，良善將在健康和保健上有所躍進。」[5]

二〇一六年五月，美國食藥署宣布撤銷決定，良善可以把「健康」重新用在它的標示上。食藥署還承認（有部分是拜良善的公民請願書所賜），「健康」的定義需要更新，該組織將徵詢公眾和食品專家的意見。[6]

甚至在食藥署採取這項行動前，盧貝斯基就深信自己是在做對的事。他說：「在我的腦海裏，成功就是要對你所相信的事保持忠誠。對想法保持忠誠，對人保持忠誠。假如想要為人做對的事，假如想要保護和倡導有意義的志業，你就必須堅持到底。假如想要為世界做對的事，你就必須對願景保持忠誠，即使難免會有困難險阻。」[7]

盧貝斯基是**騎士**，他不但強烈忠於人們和顧客，也忠於他要為周遭的世界帶來正面衝擊的夢想。他不怕去重新思考自己知道什麼，以及為對的事而奮鬥。丹尼爾說：「我發現良善最令人興奮、也使我不想把公司賣掉的地方在於，能向眾人證明做生意是有新的方法。那就是在你所做的事情上，你可以把良善擺在最前線，並為周遭的人服務。」[8]

憑著對公司、團隊成員和顧客所付出的忠誠與服務幹勁，丹尼爾成了不可抗拒之力遇到不可移動之物時會發生什麼事的例子。在丹尼爾的案例中，物件移動了，世界也變得更良善了一點。一次一種零食和舉動。

領導原型：騎士

> 戰鬥下去，勇敢的騎士！人會陣亡，但光榮長存！戰鬥下去；陣亡好過挫敗！戰鬥下去，勇敢的騎士！因為雪亮的雙眼會見證你的功業！
>
> ——華特・史考特（Walter Scott；譯注：十八世紀末蘇格蘭作家）

騎士主要是跟俠義和保護有關，但他們是受到為捍衛信念而出戰所驅使，並且是為服務而奉獻。騎士會表現出強烈的忠誠以及與他人的合夥關係，同時保護眾人並把他們維繫在一起。也唯有騎士才知道，領導必須具備那種可靠、可依賴和充滿付出的忠誠。在為自己服務前，騎士會站在你身邊來為你服務。

騎士總是在問：「**我能為你服務什麼？**」而其他人則是在想：「我能怎麼為自己服務？」

莎士比亞為我們呈現了忠實騎士的願景，當時他寫道：「我將追隨閣下，真實而忠誠地直到最後一口氣。」羅馬劇作家泰倫斯（Terence）則稱騎士是「有古老美德的人」。

我們要幸運才會找到忠誠的領導者，而身為領導者，我們要走運才會找到願意站在我們身邊同甘共苦的人。忠誠在我們的職業和個人生活中都是基本元素，是把人牽繫在一起的羈絆。

騎士的成功關鍵：忠誠

> 忠誠沒有灰色。它是非黑即白。你要不是完全忠誠，就是一點都不忠誠。人必須了解這點。你不能只有在它為你服務時才忠誠。
>
> ——夏內（Sharnay）

騎士會保護、倡導、捍衛和相信本身的使命和所效力的組織、所共事的人，甚至是顧客。騎士很忠誠。

身為領導者，當你的領導力原型代表人物是騎士時，員工在受到你保護及服務時就會覺得安全。而當他們覺得安全時，他們就能以個人的身分大膽出擊——是能使你的事業通往新機會與成功的出擊。忠誠關乎維繫和保護；它關乎以單位、合夥關係來行事，以互相提供安全，在必要時給予情緒上的支持，並保護為我們效力的人以及我們所效力的人。

但忠誠不單只是一起努力和互相維繫。它關乎以讓人覺得更強的方式來匯集別人的才華與長處。在組織裏工作的人是會想要貢獻與歸屬的人類，他們想要知道自己是在捍衛有意義的事。每天花時間去上班的人大都不只是為了薪水而去，他們每天去上班，是因為他們想要把心智奉獻在有意義的事情上，並想要讓心靈與有目的的事產生共鳴。

騎士知道要怎麼把人們內心的火苗釋放出來，並贏得他們的忠誠。

忠誠專家詹姆斯．凱恩（James Kane）表示，「忠誠就是腦袋裏的一切」，跟我們身為人類所體驗到包括快樂、難過、愛與恨的其他情緒沒有不同。

凱恩說：「就像是任何情緒，它是我們的大腦對某些刺激加以回應的結果。我們的心智會去看、聽、感覺或察知各種事物，而觸發我們非常特定的情緒反應，並且一般都會有一些相關的後續行為。」[9]

凱恩表示，有三件特定的事決定了我們對別的人、產品、品牌或組織會不會覺得有忠誠感。這三件事為：

信任感。信任是我們建立忠誠的基礎。假如我們不信任某人會有固定的行為與行動，那我們所感受到的忠誠或許正在流逝。

歸屬感。當我們覺得有歸屬感時，我們就會覺得與別的人、產品、品牌或組織有個人連結。我們會認同某人或某事，並透過忠誠來鞏固我們之間的羈絆。

目的感。執行長把啟發人心的未來願景描繪出來時，就會創造出目的感來把人吸引到自己身邊，以及所屬的產品、品牌和組織上，並贏得他們的忠誠。

如凱恩所說：「我們會想要領導者像我們，思考像我們，並照我們的方式來行事。」[10]我們全都嚮往當騎士，並且會忠誠對待我們之中的騎士。

組織裏的騎士要怎樣才能一眼看出來？

騎士總是在為別人服務。騎士是帶著忠誠與奉獻的雙重理想來服務。他們看事情的角度是，「我可以怎麼幫忙你把這件工作給做好？」並知道假如盡心盡力，別人就會同樣強烈地盡心盡力和奉獻得同樣多。

騎士知道忠誠關乎可靠。當可靠存在時，人就會覺得有力量。對，人在一起時會比較強。但假如你知道有人在照應你、罩你，你可能就會覺得戰無不勝。

騎士有強烈的決心要對人們許下承諾。當領導者對人們全力許諾時，員工在內心所感受到的決心會很強烈。當領導者所採取的立場是「我會為自家人們做任何事情」時，員工就會覺得有力量去賭一把。

騎士會把才幹展現出來。領導者必須在技能上有才幹，必須精通職位所必備的知識，有良好的判斷力，並展現出才華洋溢的技能。領導者還必須有強大的性格且果斷。他的勇氣和信心必須毋庸置疑，還得樹立榜樣讓人效法。

對騎士來說，忠誠是定義為對人、群體或志業的承諾或忠貞。騎士要能幹、有魅力、迷人、膽大、威嚴、盡責。他的意見很強，心智更強，然而卻是以溫柔的心來領導。

騎士的領導力鴻溝：私心過重

私心過重的偏見當然是你會想要擺脫的東西。認為對你有益的事就是對更廣大的文明有益，並基於為一己服務的這種潛意識傾向，來把所有這一切荒謬的結論合理化，這是不準確到極點的思考方式。

——查理・蒙格（Charles T. Munger，譯注：巴菲特的好友、波克夏海瑟威的副董事長）

我受邀協助位於亞洲大型首府的某工業集團業者，在許多類似的公司萎縮時，該公司所經歷的成長卻一飛沖天。企業的領導階層是透過非常聰明的策略，來達到這樣的成長，包括靠快狠準收購競爭對手來擴展公司的陣容。

我的工作是要確保其中一筆新收購案交接順利，並輔導該公司的執行長法蘭西斯卡要怎麼跟新的母公司順利整合。

交接要兩年之久，法蘭西斯卡則需要很多人的幫忙和支持，尤其是新收購公司的前任執行長林。母公司做了筆划算的買賣，給了林優厚的報酬，但也要他留下來當兩年之久的有給職顧問，以便在交接上幫忙新任執行長。

收購團隊在做實地查核時，公司裏的每個人似乎都對改變很友善、急切與興奮。可是交易一底定，情況就變得截然不同了。

每當法蘭西斯卡在場時，林就開始把門掩上。新任執行長想跟他說話時，他總是很忙。不但如此，他還在開會時公開批評法蘭西斯卡，取笑她的說話方式。他模仿她很重的法國腔說：「我聽不懂，可以麻煩說英語嗎？」他不會放過任何機會給法蘭西斯卡難堪。

對於他的輕蔑，我的客戶法蘭西斯卡起初不知道要怎麼應對。她覺得遭到了背叛，並且極為擔憂。在輔導通話期間，她說：「我需要林的支持才會成功。沒有他，我就做不到這點。我把全家人都搬來這裏，坦白說，我可不想失敗。」

我向她擔保說：「我們只是必須對眼前的局面下工夫，而且我們會盡一切的可能來使它奏效。你必須做的第一件事情是去搞懂究竟是怎麼回事。開個會來讓你們兩個人把這點給釐清。」

在多次來回通話後，會議總算訂好了時間，使法蘭西斯卡鬆口氣。但在開會前不久，林卻取消了。他留了便條說自己太忙，他們應該會儘快重訂時間。幾天變成了幾週，會議還是沒有重訂時間。每次法蘭西斯卡走進林的辦公室，他就揮手趕她走，並保證稍晚會去找她。

我們總算想出了點子。法蘭西斯卡邀請林氏夫婦到她的新家與她先生共進晚餐，林接受了。晚餐到頭來友好又溫馨，使法蘭西斯卡深信，自己總算贏得了她所企求的忠誠與支持。

但它並不持久。不出幾天，法蘭西斯卡就留意到林又走回老路，是為自己而不是為公司服務。他把層峰找來，成天都在跟他們開會。起初法蘭西斯卡試著對他往好處想，希望他只是在看管老部屬。可是當敲定拜訪新客戶的行程時並沒有請示她，她就知道這必須喊停了。

「這套並不管用。」在隔一次的輔導課期間，她告訴我，「我不了解的是，我願意跟他共事，他卻不願意。他是在削弱整個收購案和成長的機會，而這點對我影響太大了。」

我建議說：「你何不跟林的最高主管談一談，去搞懂他們是對什麼不滿？他們需要了解的是，林到最後會走人，而且如果要成功，他們就必須忠誠，而不是只顧著自己。你必須使他們成為變革創舉和組織重新設計的一部分。給他們顯要的職位，並讓他們發聲。你要成功，唯一的辦法就是收編他們，你必須贏得他們的忠誠。」

於是法蘭西斯卡便跟林的最高主管開了會，但並不順利。他們效忠的是舊老闆，也沒有受到激勵要改變。那些能對交接幫上忙的人、那些能使兩家公司成功合為一體的人，顯然是袖手旁觀。

我的客戶極為沮喪。她問道：「當那些男男女女對舊老闆這麼忠誠時，我要怎樣才能使它奏效？」

解方顯然只有一個。

我建議她：「林必須走人，而且現在就得走人。不是接下來的幾週、幾個月或幾年，而是接下來的幾天。他不能參與交接，就是這樣。」

法蘭西斯卡向董事會訴願。最後，他們同意對前任執行長林開鍘，即刻生效。

一如既往，林的忠誠團隊裏有的成員跟著他離開了公司，有的留了下來。法蘭西斯卡告訴那些留下來的人，自私的態度不會受到容忍。把林送走後，她很快就贏得了公司主管和員工的尊重與忠誠，交接也進行得很順利。

在各種規模的組織和各行各業裏，我都看到了明顯的模式：缺乏忠誠領導者的公司會最難延攬和留住有才華的人。凱業必達（CareerBuilder）近期對人資專業人士和徵才經理所做的調查透露出，約有五分之一的員工（百分之二十二）自認無法效忠於雇主，並打算在一年內離開現職轉換工作。[11]

根據凱業必達之前的調查，[12] 員工不忠的部分原因包括：

「不覺得雇主重用我。」

「雇主給的錢不夠多。」

「我的努力沒有受到肯定或珍惜。」

「沒有夠多的晉升機會。」

忠誠的員工變得不忠是一點一滴累積而來的，當不忠誠或私心過重的態度在同仁、夥伴或同儕身上形成時，有很多領導者甚至沒有留意到，因為它是緩慢、幽微地現形。只有在不忠後，私心過重的態度才會以可察覺到和可解讀的方式浮現。

把獨善其身的態度當成美德來擁抱，表示對於愛、友誼和社群等為生活帶來最根本愉悅及滿足的事情不屑一顧。

騎士的領導力鴻溝原型：傭兵

> 聰明人從本能上就能了解，把未來託付給私心過重的領導者很危險。無論在公司或社會部門裏，他都是用我們的體制來增進自身的利益。
>
> ——詹姆斯．柯林斯（James C. Collins）

騎士的領導力鴻溝是傭兵型領導者，不在意為他人服務，而只在意為自己服務。騎士在問「我能為誰服務？」時，傭兵型領導者則是在問「**我能如何為自己服務？**」

傭兵型領導者總是全心關注自己。假如領導者不了解領導是在為他人服務，那他就不會從所領導的人身上得到忠誠。凡是靠私利或自戀來領導的人，都是不會成功的領導者。

傭兵型領導者有下列特質：

缺乏付出。當你有領導者不對所領導的人投注心血，不支持或輔導同仁或是引導和開導團隊時，這就是顯示出興趣缺缺。領導者不對別人的成長和發展許諾，就不會對人們的成功全力投注心血。忠誠的領導者知道，對人們的發展加以投資很重要，因為對人們許諾就是領導的全部。我們對待別人的方式將決定我們自身的成敗。

忠誠不夠。當領導者不保護、不守護或不捍衛人們時，人們就會覺得不安穩。安穩很重要，假如沒有安全，就不會有忠誠。只是對某人說「你應該要覺得安穩」、「你的工作很安全」或「你可以仰賴我」，並不會使某人對你或你的組織付出與忠誠。最好的領導者會先展現忠誠，讓員工知道自己在「罩」他們，並且會保護他們。這就是忠誠的領導者會做的事。

欠缺當責。當領導者不為自己的錯誤和失敗當責時，往往就會怪罪別人，包括那些為他們效力的人在內。這會孕育出員工的不忠誠。最好的領導者知道，忠誠是靠日常行動和日常決定來贏得，因為領導者所說和所做的每件事都會有後果。

才幹不足。當領導者缺乏焦點並很難關注細節時，就會讓人覺得是沒有才幹的領導者。無法盡到義務的領導者不但不會成功，還會失去追隨者的忠誠。領導關乎績效，關乎啟動事情並把工作給做好。

忠誠沒有灰色。它是非黑即白。你要不是完全忠誠，就是一點都不忠誠。

發揮內在的傭兵特質

> 真正的戰士只能為別人而不是自己服務……當你成為傭兵時，你就只是佩槍的惡霸。
>
> ——艾文．萊特（Evan Wright；譯注：美國戰地記者）

要在忠誠的騎士與私心過重的傭兵之間銜接鴻溝，就必須了解領導者的出身之處是付出、奉獻與本分。傑出的領導者不誇耀，不尋求頭銜，不需要為了有誰做對和有誰做錯來記個人的帳。

騎士型領導者會榮耀和保護人們並為他們宣導，同時為了崇高的志業出征。騎士是以忠誠來服務，換來的同樣是忠誠。騎士知道，忠誠的觀念不單是有人在罩你；它的觀念是人們可以信任他，不分逆境和順境。為什麼？因為他們知道他的戰功，並看到了他的奉獻。保護和維繫是騎士的最佳保證，因為驅使他的是對人們的愛和高尚的志業。騎士不想做容易的事，而想做對的事。當企業的事情進行順利時，要忠誠很容易。可是當事情變得棘手時，忠誠就會受到考驗，而真正的忠誠在此時則會所向披靡。

身為傭兵在領導上或許感覺起來像是比較好走的路，但就核心而言，傑出的領導者都知道，成功的關鍵是要先為別人而不是自己服務。當有人認為要服務的應該先是自己，之後才是其他人，領導力鴻溝就會產生。領導者有這種偏見時，要改變就不容易，而必須先重新思考，什麼才是真正對組織以及最終對自己最好。要了解到，領導有賴於別人追隨，我們不是在真空裏領導。如果要成功，我們就必須成為那種先為別人而不是自己服務的領導者。

關注人們怎麼回應你。假如你花點時間停止滿腦子都聚焦在自己身上，你就能分辨出某人是覺得不爽、惱火，或者只是單純的沮喪。去關注他們的語調，回答是敷衍還是簡短。這會見微知著地顯示出他們有沒有在回應你，或是你表現得如何。去聽別人在說什麼，並在交談時把更多的焦點擺在他們身上。

替對方設想。並非每件事都關乎你，有很多事是關乎別人。傭兵只顧自己，所以很重要的是，要真正去聽別人在說什麼，並試著去吸收他們所告訴你的任何事。這聽來似乎像是常識，可是有些人在交談時，只是聽到對方在說話，而沒有真正去了解或傾聽。試著替他人設想。要同理、同情與體諒。這會讓人不至於覺得你自私自利。

認識周遭的人。盡量跟人們深入連結，去認識他們，並真誠地對他們感興趣。當人們對你表現出興趣時，就要反向表現出興趣。當你連結別人時，別人就會連結你。世上的一切並非都繞著你打轉。

不管你採取什麼行動，都要想到別人，而不是只有自己。不管你做什麼，不管你採取什麼行動，都不要只是為了達成自己的目標而做，而要想到它可以怎麼使別人受益。抱著這樣的心態，你一定會找到別人願意在你的志業上來幫忙和襄助你。不但如此，你所採取的行動將是為了許多人的更大利益而做，而且一旦達成目標，回報也會大得多。

當你停止自掃門前雪，而開始管起他人瓦上霜時，你就會體驗到，為自己的傑出找到了目的究竟是什麼意思。

成為騎士型領導者

騎士精神永垂不朽；它賴以為繫的不是名聲，而是功業。

——德賈．斯托揚諾維奇（Dejan Stojanovi；譯注：科索沃詩人）

成為傑出的領導者遠遠不只是要在工作上能幹。在領導的等式中，工作能力固然不可或缺，但人際技巧同樣重要。你必須在個人的層次上連結人們，並給予別人真切的關心。再者，騎士型領導者容許人們報答這份關心。最好的領導者知道，他們不能忽視團隊的需要和嚮往。兩者間必須要有牽絆和體諒，而投入時間來創造這種牽絆的領導者所換來的，則是人們以忠誠來回報。

騎士的傑出之路很直接：

勾勒真切的願景。當領導者創造並傳達有說服力的願景，以值得的志業為根基來訴諸人們的心靈時，員工就會一直受到那個願景激勵並忠於它。

言行一致。傑出的領導者相信，坐而言不如起而行。他們了解力量是存在於那些能言行一致的人身上，並且會以身作則，因為在他們的示範中，忠誠的重要性會清楚、精確、有力又真切。

專注傾聽。真正傑出的領導者了解，要獲得人們的忠誠，最佳的方式之一就是傾聽，知道他們想要的工作和居家生活是怎樣，以及知道是什麼在驅使他們並引燃他們的熱情和參與感。

對自己誠實。假如不對自己誠實並以忠誠信行事，你就不能期待人們對你忠誠。忠誠會孕育出忠誠，一如不誠實會孕育出不誠實。對員工要實在，即使它會傷人。當員工知道你為了對他們誠實而付出代價時，尊敬就會油然而生。

關心員工。要把員工先視而為人、再當成勞工來認識。找機會在個人的層次上連結他們。去認識他們的興趣、嗜好、嚮往和目標。公司最寶貴的資產並不是所提供的服務或所做出的產品，而是所雇用的人。

尊重別人。身為騎士，你必須對別人表示尊重，以最好的一面來展現出「自己是誰」。對人們要尊重，不對他們隱瞞要緊的資訊或責任。為了贏得人們的尊重和忠誠，你必須先以此來對他們。授權他們去決定事情，並對他們的成長與機會加以鼓勵。

只服務最好的。忠誠並非服務每個人，忠誠只服務最好的；選員工就跟選顧客一樣重要，進哈佛大學或普林斯頓大學比錄取西南航空（Southwest Airlines）要來得容易。去年有三十七萬一千兩百零二人應徵職務，錄取的只有百分之二。[13] 你選擇去哪裏工作，就跟為誰服務一樣重要。

傑出的騎士型領導者

德蕾莎修女，無所動搖地忠於天主教會和所服務的窮困人士，連在質問自己對上帝的信仰時也是。

赫伯．凱勒（Herb Kelleher），創辦了西南航空並打造出獨特的公司文化，對員工和紛紛來搭乘該航空的死忠顧客來說，都是平價又好玩。

吉爾．艾布拉姆森（Jill Abramson），所經歷的職涯從《紐約時報》（*New York Times*）的華盛頓分社社長，一路升任為總編輯。公司大肆宣揚地把她開除，她卻沒有口出惡言。

騎士的服務方式有很多。當你為人們提供機會、頭銜和職位時，你會期待他們榮耀這些角色，並就此贏得忠誠。

當你把「自己是誰」全部展現出來，並拿出最好的技能與能力時，那就會贏得忠誠。當你打造出相繫的團隊，使成員為了本身的利益和組織的利益而肯定對彼此的承諾時，那就會贏得忠誠。

要以對等的忠誠和服務來領導。而且萬一你的服務真的變成只為自己，那就要留心了。當你是以騎士之姿來領導時，你的傑出就會有深切的意義。

在騎士原型中認清自己

騎士是靠忠誠與自豪為生，以保護人們並維繫值得推崇的目標。

你是騎士嗎？拿這些問題來問問自己：

- 為別人服務對你為什麼重要？
- 你為什麼覺得保護別人是「自己是誰」的其中一大部分？
- 你個人的榮譽守則是什麼？
- 別人認為你自負或自私自利嗎？為什麼？
- 對於自私和私心過重的人，你會怎麼反應？

第九章

有光明的地方，永遠有傑出的希望

希望就是儘管一片黑暗，仍看得到光。

——戴斯蒙・屠圖（Desmond Tutu；譯注：南非榮譽大主教，真相與和解委員會首任主席）

大部分的人都相信，拿出信心、相信直覺、說話坦率、以勇氣和誠信來領導、能夠孕育信任與忠誠的領導者是稀有動物。

但我希望自己說服了各位，我們之中有許多傑出的領導者，而且現在要認出他們比較容易一點了。反骨者、探索家、吐實者、英雄、發明家、領航員和騎士圍繞著各位。各位現在看到他們了嗎？

在跟數百家大大小小、各行各業、世界各地的組織共事時，對於要怎麼克服領導力鴻溝並達到傑出，我訓練了成千上萬位領導者。大部分的人都逐漸了解到，使命比利潤重要，員工比流程重要，錢可以用不必剝削別人的方式賺得到，對社會及世界產生正面的影響力不但可行，而且會有回報。

有時候我們必須眼見為憑；有時候我們必須了解才會領悟；有時候我們則必須親身體驗才會看出其中的智慧。

希望之城（City of Hope）是私立的非營利醫院、臨床研究中心暨醫學院研究所，坐落在一百一十英畝的校區，就在加州洛杉磯外圍的杜阿提（Duarte）。該組織是由一群志工所創辦，他們在一九一三年租用了尤太肺病救濟協會（Jewish Consumptive Relief Association），以建立免費的無宗派療養院來對抗結核病的蔓延。療養院最初只是兩座帳篷小屋，就設在這群人所買下的十英畝土地上。

療養院在成長下獲得了「希望之城」的暱稱，使命則擴展到結核病以外的其他疾病。如今希望之城是世界卓著的癌症中心之一，而且該組織都站在對抗糖尿病和人類免疫缺乏病毒／愛滋病的前線。希望之城從頭到尾都信守著「健康是人權」的人道主義願景。本著該願景的精神，希望之城的一位早期領導者山繆．戈特（Samuel H. Golter）提出「假如在過程中毀壞了靈魂，治療身體即無益處可言」的看法。

這些話成了希望之城的信條，並使羅伯特．史東（Robert W. Stone）在某一天下午來到校區時，心情倍感沉重。當時他並不知道，有一天他會當上希望之城的執行長。

史東是南加州的本地人，在惠提爾（Whittier）長大。他念的是雷德蘭茲大學（University of Redlands），在那裏打了四個賽季的籃球，並拿到了政治學的學士學位。他曾獲得美國大學運動情報理事會（College Sports Information Directors of America）選入全美學業（Academic All-America）隊，在雷德蘭茲的生涯得分排第十五名，達一千零七十七分。「我從沒設想過會當上執行長，」他說，「我去雷德蘭茲是為了打籃球。」[1]

羅伯特接著在芝加哥大學拿到了法律學位，並在畢業後回到加州從事商業法。「芝加哥好冷。我凍僵了，便回到這裏來，」他說，「低於華氏四十度（編按：約攝氏五度）就讓人受不了。」[2]在職涯早期，羅伯特決定加入南加州的小事務所，就在他從小長大的老家附近。兩年後，他接到了在希望之城的總顧問室任職的人所打來的電話。「我們需要幫忙，」打來的人說，「我需要你來一趟。」羅伯特聽說過希望之城，但他不認識任何跟該組織扯上邊的人。羅伯特拒絕對方，不是一次，而是兩次。但總顧問室的人鍥而不捨，他又試了一次。

他問羅伯特：「假如我請你去自助餐廳吃午飯，你願意過來一趟面談看看嗎？」羅伯特打算再次婉拒，但在飯後，他們走過希望之城的路面時，有兩件事觸動了羅伯特：

我們來到玫瑰園旁的角落，大門上有我的一位前輩所寫下的格言：「假如在過程中毀壞了靈魂，治療身體即無益處可言。」這頗為引起我關注，但緊接著我就走過了角落，有護理師正拉著紅色的推車，裏面有個光頭的三歲孩子。孩子在笑，感覺不錯，小朋友的媽媽則跟在後面幫孩子推著點滴架。她淚流滿面。至今我都不曉得她流淚是因為難過，還是因為開心到哭。也許是她的孩子在很長的時間裏第一次感覺不錯，而足以外出來曬太陽。不管怎麼說，這都引起了我關注，並成了我的頓悟時刻。我意會到，這是我可以來改造的地方。[3]

羅伯特說了好。

羅伯特獲聘為希望之城的副總顧問，而且他在組織的二十年裏，擔任過十一個不同的職位，最終坐上了執行長的現職。營運現在是由他全面主掌，但羅伯特的主要焦點還是病患和對他們的照護。羅伯特說：「我可以說我們要搶攻市占率，或是我們要把病患照顧得更好。這些訊息有一條會啟發人心，有一條則不會。在希望之城，每個人都是使命、目的和願景的一部分。每個人都覺得自己有作用。」

對羅伯特來說，希望之城所做的事就是在信守他第一天走在校區裏時所看到的信條。對希望之城來說，最重要的就是人——研究人們、醫師、護理師、病患、照顧者和社群。希望之城是把服務和用心服務當成全部。

今天來聽史東談希望之城時，你會禁不住被該組織的使命、目的和他們每天所從事沒那麼小的善行所打動：

> 希望之城有許多不同的環節，但最頂層的傘就是以無所動搖的付出來服務人類群體。在希望之城，無論你是做病患服務、護理師、勤務人們、醫師、領導者、研究人們，都無所謂。你必須願意讓自己小於更大的利益。在這裏、在這個社群裏做得不錯

的人，他們來這裏並不是為了自己，而是因為想要回饋人們。4

靠著長年信守這個使命，希望之城走上了全球戰役的前線來對抗癌症和其他威脅性命的疾病。他們自豪地說，他們能為身為顧客的病患做到非常特別的事：結合科學與靈魂來創造奇蹟，使生命再次完整。而對羅伯特來說，這就是最終的回報。「我是個幸運的人，」他說，「希望之城教會了我回饋的真正意義。」

希望之城是組織有可能邊把事業經營成功、邊服務人的實證。

再者，史東展示了要成為高度稱職的領導者，你不必有話直說、氣場強大、盛氣凌人、自我中心，或是當霸凌者。史東在領導時，當的是溫和的戰士。他了解驅力在於組織的使命和願景。他承認最重要的就是人，而且全都是帶著謙虛的心來做事。

在一切總是必須更快、更好、更光鮮的世界裏，羅伯特親身示範了為什麼比較溫和的戰士、安靜的靈魂是那種對的領導者。假如跟羅伯特談話，你很快就會意會到，他並不是照單全收。他在策略上很聰明，在思考上是夢想家，並兼融與涵蓋了本書中列出的所有原型。

羅伯特體現了每個原型中最好的一面：他是有信心的反骨者、憑藉直覺的探索者、說話坦率的吐實者、有勇氣的英雄、誠信工作的發明家、引導組織前進不輟的領航員、對人們忠誠的騎士。羅伯特的使命、目的和願景並非只聚焦在現今的事業上，而是在醫療照護要長久經營到未來的品質上。

身為領導者，連你的各個小選擇都會帶來很大的衝擊，並決定你、人們、組織、社群和整個世界的結局。史東對這件事的嚴重性了然於胸。

你不見得看過或讀過他的事，或是在夜間新聞裏瞄到過他，但對那些有需要的人來說，他會送暖；對那些呼喚他的人來說，他會現身；對那些指望他的人來說，他則是受到信任。他天天都展現出信心、忠誠與誠信。對那些仰賴史東來當領導者的人來說，這造就了不同的世界。

他的成功遠遠超越了利潤和報酬指標。史東的領導令人難忘並值得推崇，是大部分的領導者力求要達到卻不知道要如何為之的事。

他的存在讓人有感，他的智慧受到公認，而且他的心就在那裏，所有的人都會看到。

安靜的人、謙虛的人、溫和的戰士，這些是我們必須學習的領導者；他們是帶給我們希望的人。

領導者並不好當，充滿了挑戰、複雜與後果，它就是有辦法每一天都來考驗我們。而對於各項挑戰，我們都必須全力以赴才能成功，不投入就會失敗。

我們所做和所說的每件事終究都是我們給世界的訊息。對於自己所說的話和所樹立的榜樣，我們必須有所警惕。我們是以光明來領導，還是以陰影在領導？我們發出的訊息是什麼？

假如我們是以正面來領導，所得到的組織就會誠摯而正面。

假如我們是以負面來領導，所形成的組織也會把那樣的負面反映出來。

假如你認為自己的行為和行動無所謂，那再想想看。假如你認為自己能否認或去除內在的陰影，那就花點時間重新思考「自己相信什麼」。切記，「自己是誰」總是伴隨著我們：好與壞，光與影，弱與強。

假如你認為自己能假戲演久就成真，請再想想看。

假如你認為自己在領導時沒有人在看，請再想想看。

假如你認為自己能壓縮或侷限它，請再想想看。

我們時時刻刻都必須意識到並警惕「自己是誰」。我們是靠著其中的各部分才成為完整的領導者，你無法也不該試著去區分它的好壞。你的短處會在內心形成領導力鴻溝，但要是不承認及配合領導力內的兩極性，你就成不了完整的領導者。你的整個人生、你的意義和目的，就是要在盡可能成為最佳領導者的過程中，把「自己是誰」給統整起來。

假如你想要做好一個領導者的角色，就必須做好真正的自己。但首先你必須把這樣的訊息放在心上，去重新思考你自認知道的每件事，無論它對你來說可能會有多驚恐或多沮喪。在幾十年前，艾里希·弗洛姆（Erich Fromm；譯注：知名精神分析心理學家）就警告過我們，除非我們去體現它，除非我們把它變成本身的訊息，除非我們去實踐它，否則就不會有激進、可怕或令人驚恐的事能存活下來。

你會怎麼實踐自己的領導原型？你會怎麼去展現它們、投入它們和擁抱它們？你會怎麼把這樣的訊息變成領導力的一部分，以及「你是誰」的一部分？當你運用我在本書中所傳授的知識時，它不但會給你希望，也會給你工具和辨別力來了解到，你的內在具備了能使你傑出的根本原則。

傑出不是產自情境。傑出到頭來是存在於領導力鴻溝之中，以及知道要怎麼把它發揮出來。你的內在具備了不會遭到情境囚禁、遭到挫折拘禁、遭到錯誤禁錮或遭到挫敗打倒的力量。我們每個人都有機會和選項來選擇要不要躋身於傑出。

What will you do?

你會怎麼做？

後記

躋身於傑出

真正的傑出，是在小事上傑出。

——查爾斯・西蒙斯（Charles Simmons；譯注：美國當代作家）

在重新思考自己是誰，以及自己是以什麼身分來領導時，了解自己的領導原型只是個起點。我們各自來到這個地球上就是為了成就最傑出的自我，而藉由探究這個過程，它不但有助於你發現自己的領導力鴻溝，也有助於你辨認出是什麼在阻礙你傑出。

假如傑出是你所要，那你就必須選擇傑出，因為它會讓你獲得的報酬是在生活中有更多的意義，在工作上有更深刻的目的，以及允許自己成為心之所向的人。傑出是每天把很多小事都做得非常好。為了使領導力和生活超越領導力鴻溝並更上一層樓，以下是一些經過驗證的做法：

對自己

1. **透明且開放**。當你願意敞開自己，來誠實地自我檢查本身的真實個性與動機時，要找到自己的領導原型並把它發揮出來，就會比較容易和準確。
2. **搭起信任的橋梁**。你需要人們的信任和支持，才當得了成功的領導者。不要把信任的橋梁給毀掉，而要把它搭起來。
3. **願意冒險**。傑出的領導要果敢和願意冒險，並鼓勵人們也去冒險。從失敗中學到教訓時，它就可以是我們最好的老師。要冒險不必傑出；要傑出卻必須冒險。

4. **慶祝勝利**。在繁忙與複雜更甚以往的商界裏，稍微退一步來慶祝勝利很重要。這會給你所需要的時間來為自己充電，以迎接下次的挑戰……以及下次、再下次。

5. **不要試著一手包辦**。交辦是每位傑出領導者的首要工具。雇用對的人，好好訓練，然後把組織的工作交辦給他們。把只有你能做的事留給自己，否則就放手。假如想要達到傑出，就不要凡事都自己來。

6. **養成習慣去尊重每個人**。要當那種讓人欣賞的領導者。尊重人們、信任人們，並在用心領導上對自己有信心。

7. **為自己的問題負起責任；不要怪罪別人**。所有的人都有過對自己造成問題的經驗。但要真正產生正面的衝擊，我們就必須為過去所經歷的事負起責任，同時對未來當責。當你怪罪別人時，就是放棄了產生正面衝擊的力量。

8. **花時間陪伴對你重要的人**。把人生中的重要關係列為優先。好的關係不會憑空產生，要花費時間與耐心。要對人生產生正面的衝擊，就把它列為優先。

9. **在工作上讚美表現優異的人**。當時機出現時就讚美人。讚美代表了你認可和珍惜。你讚美什麼就會增進什麼，也就是會得到更多一開始把你的讚美給引燃的行為。工作、名聲與地位並不能把靈魂的傑出給揭露出來。只有良善能做到這點。

10. **以興趣、關切和同情心去對人傾聽**。產生最大衝擊的領導者對人都是充分關注。眾人想要的一切就是有人傾聽、有人關注，以及有人表現出關切與同情心。會改造的領導者不是資歷最優秀的人，而是關切最深的人。

11. **培養性格**。你認為沒有人在看時要怎麼做才對，就界定了你的性格。好的性格比出色的才華更令人欣賞。才華是天賦，但相形之下，性格則是關乎選擇與決心。千萬不要安於當個普通人，你要的是傑出。

12. **讓愛傳出去**。從忙碌的日子裏抽出時間來稍微停下腳步，思考可以如何讓愛傳出去。沒有人能幫到每個人，但每個人都能幫到某個人。傑出不是你擁有什麼，而是你付出什麼。

對人們

1. **共享領導**。與人們共享你的領導職責，好讓他們有機會在職涯中成長，同時獲得自信與經驗。

2. **肯定和酬賞人們**。當人們把工作做得很棒時，一定要對努力加以肯定和酬賞。要記得：酬賞什麼就會得到什麼。

3. **把標竿訂高**。鼓勵與期待人們卓越，並訂立高標準，使他們必須奮力來達到這些目標。不但組織會因此受益，人們也會。

4. **給予高薪**。假如要吸引和留住最優秀的人，你所給的薪水就必須高過競爭對手。密切注意競爭對手給人們的薪水，並隨時領先一步。

5. **堅持當責**。當員工答應接下任務或達成目標時，就要緊盯他們的承諾。假如沒有要人們當責，那有些人就不會費心去實現。

6. **有觀點並不夠，你懂的事還要可教導**。好領導者和傑出領導者的差別就在於教導和輔導人們的能力。假如要尋求傑出，就要當那種為輔導及可教導的觀點畫出底線的領導者。

7. **鼓勵人去相信自己**。對於自己失去信心的那些時候，我們全都懂。要當能給人力量的人。

8. **不要評判別人**。在認定前要查明事實。在評判前要去了解。在說話前要想一想。

9. **把過去的經驗發揮出來**。最好的領導者會有意識地思考本身的經驗，並重新思考自己知道什麼和需要學習什麼。最傑出的領導者會拿本身的經驗來教導，並講述有說服力的故事來幫助人們做出對的決定和採取對的行動。

10. **有人為你做了好事時，寫封感謝函**。讓人們知道你有多珍惜他們的慷慨會大有作用。這份額外的努力會留下持久的善意。

11. **該給好評就給**。無論是上司或下屬，認可及稱讚效率、賣力工作和主動出擊對職場的士氣都很要緊。私下感謝員工仍然不足夠。請在別人面前讚美他們，在他們的人事檔案上記下一筆，或是頒獎給他們，都是表明他們的努力沒有遭到忽視的方法。

12. **幫忙使夢想成真**。下次有人在分享自己的目標或夢想時，要真心鼓勵他們去追求，要求他們在一定的時限內採取某種行動。接著假如他們同意了實現目標的日期，等那個日期到來時，一定要加以追蹤。

對社區

1. **提供當志工的機會**。給員工機會在你經營事業的社區裏擔任志工，把他們跟當地的非營利機構連結起來，並為服務提供帶薪假。

2. **當好公民**。只要可以，就盡其所能以各種方式來回饋社區。

3. **在地徵才**。只要可能，就把徵才作業聚焦在社區裏。提供充沛的訓練機會，使員工能在組織裏升遷。

4. **供食給街友**。看到什麼就去做點什麼。不要從街友身邊走過就算了。請街友好好吃一頓，而不要拿剩菜給他們。

5. **分享你的專長**。貢獻你的才華，把你的特長用於社區。

6. **救援動物**。去人道協會（Humane Society）認養寵物，你甚至可以在當地的社區找個地方來救援動物。

7. **出席市議會的會議**。讓自己發聲；誠實而果敢地有話直說；力挺志業；要有目的；要使它有意義。

8. **開導孩子**。教育和鼓勵孩子成為領導者；它會教導他們去關心別人。

9. **為仁人家園**（Habitat for Humanity；譯注：國際慈善住屋機構）**建房**。幫忙替有需要的人建房。最好的慈善就是從自家後院做起。

10. **為非營利機構主持專案**。或許你可以收集所需要的物資，製作工藝品來捐贈，為有需要的人籌辦郊遊，或是贊助組織的某種慶典。

11. **照顧地球**。在社區裏種樹或種花；回收紙張、塑膠和罐頭；教育眾人要怎麼關心地球。

12. **當解方**。觀察環境，發現問題，並提出解方。就從今天開始。去尋找自己的鴻溝。把鴻溝發揮出來。並躋身於傑出。

評估

假如想得知是什麼擋在了你和傑出之間，今天就來評估：

www.lollydaskal/assessment

認識你的鴻溝並釋放你的傑出

領導原型	領導作風	領導力鴻溝	釋放你的傑出
反骨者	以信心和自信來領導。	冒牌貨是受到自我懷疑所帶動。	把才幹與才能發揮出來，以提振自己的信心。
探索家	試圖找出新的機會和經驗，運用直覺來前進。	剝削者會操縱眾人，以達成控制。	把直覺發揮出來，以奪回控制權。
吐實者	說話坦率，願意為吐實付出很大的代價。	騙徒是靠隱瞞資訊來製造猜疑。	把坦率發揮出來。以說真話來領導。說出實話。
英雄	儘管恐懼和憂慮，仍拿出勇氣面對。	旁觀者看到事情卻什麼也不做，聽到事情卻什麼也不說。	把勇氣發揮出來，抗拒自己的恐懼。
發明家	以誠信和高標準來行事以邁向卓越。	毀壞者很腐化，是靠旁門左道和尋找快速、廉價的方法搞定事情。	把誠信和標準發揮出來，以卓越地領導。
領航員	帶領眾人為棘手和複雜的問題找出實用又務實的解方。	矯治者想要對局面和眾人幫上忙，卻常讓人覺得自負。	把解決問題的技能發揮出來，而不把自己強加在別人身上。
騎士	以強烈的責任感發揮忠誠和保護別人。	傭兵總是先為自己服務。	把為他人服務的責任感發揮出來，並讓每件事變得更大與更顯眼。

謝詞

傑出的事，靠著傑出的人來達成。

我的三個孩子米凱拉、艾芮兒和柔伊教會了我，要起步不必傑出，但要傑出就必須起步。

Peter Economy 對我相信到足以說，咱們就把這件事給做了吧。並在路上的每一步都陪伴著我，以確保能完成它。你的手藝、指引和才智不但使本書成為可能，也幫助我達成了不可能。

Kristi Faulkner 收容了我的複雜思想，並知道究竟要怎麼簡化它，因為每件有意義的事都該盡可能簡單，而不是比較簡單。

Frank Sonnenberg 教會了我，真正的友誼代表當每件事似乎都像是掉進鴻溝裏時，就是要伸出援手。

Michael Wade 慷慨惠賜無價的指教。

Giles Anderson 知道，要等到傑出的經紀人把它孕育出來，傑出的著作才會誕生。

Jesse Maeshiro 的付出、反饋與時間將永遠備受珍惜。

Eric Nelson 相信會找到傑出，並幫助了我去尋找。

John Anderson 的付出教會了我，要當傑出的領導者，就必須先成為傑出的人。

法蘭西絲・賀賽蘋證明了，真正傑出的人會使你覺得自己也能變得傑出。

艾絲特・富克斯看出了，每個傑出的解方都需要的是傑出的問題。

丹尼爾・盧貝斯基親自示範，良善永遠會成就傑出。

維克多・弗蘭克、卡爾・榮格和喬瑟夫・坎伯所教導的是，傑出的男男女女並非生來就傑出，而是藉由培養而傑出。

我的客戶讓我見識到，傑出是存在於每個人身上。

我所有的鴻溝：我要謝謝你們，因為要是沒有你們，我永遠不會是今天的我。

各界讚譽

我們的短處是活在長處的陰影中，而本書所做的不只是幫助我們把它一眼看出來，還教我們要怎麼克服。洛麗・達絲卡帶著我們進入她的主管輔導作業戰壕，仔細拆解了拖累領導者的自我覺察鴻溝，並照亮了為我們擴展舒適圈的道路。

——亞當・格蘭特（Adam Grant），《反叛，改變世界的力量》（*Originals*）和《給予》（*Give and Take*）作者（編按：二書繁中版均由平安文化出版）

我看過有才華的領導者，不經意地犯下職涯中最大的錯誤，只因為不了解自身長處的複雜與陷阱。高成就者如果想要了解在自己和有意義的成功之間形成阻隔的傾向，本書提供了出色的見解和寶貴的智慧。

——席尼・芬克斯坦（Sydney Finkelstein），《無法測量的領導藝術》（*Superbosses*；編按：繁中版由大寫出版）和《從璀璨輝煌到灰飛煙滅》（*Why Smart Executives Fail*）作者傑出的領導者了解身為領導者的自己是誰，以及是什麼在激勵他們去做自己所做的事。假如想成為其中一員，就去拜讀洛麗・達絲卡見解深刻的大作。對於想把自己提升到另一個境界的領導者，它給出了無價的建議。對那些想要傑出的人來說，它是必讀之作。

——海蒂・格蘭特・海佛森（Heidi Grant Halvorson），《沒人懂你怎麼辦？》（*No One Understands You and What to Do About It*）作者

本書為露出疲態的領導論述帶來了令人興奮的新貢獻，並巧妙解釋了為什麼有的領導者成功，有的卻不然。身為首屈一指的全球領導顧問，洛麗・達絲卡利用豐沛的專長辨認出了存在於我們所有人身上的技能與鴻溝。

——希・維克曼（Cy Wakeman），《高效的情景領導》（*Reality-Based Leadership*）作者

身為領導者，有一件事在你和自己的終極潛能間形成了阻隔。只要加以覺察，只要加以擁抱，只要知道怎麼去拉近這個「鴻溝」，那你就能成為心之所向的優秀領導者。

——鮑伯・伯格（Bob Burg），《給予的力量》（*The Go-Giver*；編按：繁中版由高寶出版）共同作者

憑藉在世界各地輔導資深主管的大量經驗，洛麗所描繪出的清晰領導圖像把所有領導者和我們自己的陰暗與光明都揭露了出來。本書引人入勝、扣人心弦、妙趣橫生又有用，

對我們要如何思考和擔任領導者有顯著的新貢獻，我強烈推薦。

——詹姆士．庫塞基（James Kouzes），《模範領導》（*The Leadership Challenge*；編按：繁中版由臉譜出版）共同作者暨聖塔克拉拉大學（Santa Clara University）李維商學院（Leavey School of Business）領導力執行研究員

深思且實用，分析且個人，本書邀請領導者重新思考要怎麼做到傑出，並保證會幫忙把折磨企業與社會的領導力鴻溝給銜接起來。我力薦各位一讀。

——威廉．泰勒（William C. Taylor），《快速公司》（*Fast Company*）共同創辦人，《就是輝煌》（*Simply Brilliant*）作者

洛麗．達絲卡揭露了傑出的領導者究竟是憑什麼傑出，還有在領導者和他們的傑出間形成阻隔的鴻溝。應用本書中所包含的原則將使每位領導者受惠，還有自家的人們、顧客與公司。

——艾瑪．賽佩拉（Emma Seppälä），耶魯大學情緒智力中心（Yale University Center for Emotional Intelligence），《你快樂，所以你成功》（*The Happiness Track*；編按：繁中版由時報出版）作者

時至今日，只有願意找出並填平本身的才能鴻溝，領導者才能達到傑出。在這本緊湊

又大有助益的讀物中，洛麗．達絲卡將向各位說明七種領導原型，以及各自所包含的機會與陷阱。去一睹為快吧！

——提姆．桑德斯（Tim Sanders），《交易風暴法》（*Dealstorming*）和《愛，殺手級應用》（*Love Is the Killer App: How to Win Business and Influence Friends*）作者

我最愛的領導專家所帶給世人見解不凡的新作。對於這本必讀之作，要給兩個讚才行！

——戴夫．可本（Dave Kerpen），《人際關係的藝術》（*The Art of People*；編按：繁中版由如果出版）和《「讚」起來，開始拉攏顧客變粉絲》（*Likeable Social Media*；編按：繁中版由麥格羅．希爾出版）作者

在這本見解深刻的著作裡，領導專家洛麗．達絲卡闡述了一系列令人大開眼界與扭轉局面的觀念，包括擁抱短處為什麼是達成傑出的第一步。假如想要立刻洞悉客戶、老闆，甚至是自己，就來看這本書。它將重新定義你的領導方式。

——朗恩．傅利曼博士（Ron Friedman, PhD），《打造最佳的工作場所》（*The Best Place to Work*）作者

在這些不確定的時候，對領導者來說，成為實在和我們可以信任的人比以往更加重要。本書將引導各位邁向傑出，並追求成為更好與更稱職的領導者。

——勞倫・麥里安（Lauren Maillian），電視名人，新創投資人，《重新定義之路》（*The Path Redefined*）作者

本書可能是僅次於自請個人教練的最佳選擇。

——雅特・馬克曼博士（Art Markman, PhD），德州大學奧斯汀分校組織人文面向課程（Program in the Human Dimensions of Organizations）主任，《向專家學思考》（*Smart Thinking*）、《聰明做改變》（*Smart Change*）和《不一本正經的大腦》（*Brain Briefs*）作者

本書讀起來宛如是我的故事——深入探尋「我是以誰的身分在領導」。假如約翰・葛里遜（John Grisham）寫書來談領導，它就會是像這樣令人不忍釋卷的書。

——奇普・貝爾（Chip R. Bell），《萬花筒》（*Kaleidoscope*）作者

我愛這本書。每一頁都充滿了智慧和常識型的可落實觀念。洛麗直搗核心點出了是什麼阻止我們傑出，以及我們需要做什麼來拉近鴻溝，以成為最好的自我。

——傑絲・林・史托納（Jesse Lyn Stoner），《願景的力量》（*Full Steam Ahead!*；編按：繁中版由藍鯨出版）共同作者

在本書中，透過她對於今日與明日領導者入木三分又務實的見解，洛麗．達絲卡說出了權力的實話。

——布魯斯．羅森斯坦（Bruce Rosenstein），《領導者中的領導者》（*Leader to Leader*）主編，《以彼得．杜拉克的方式創造未來》（*Create Your Future the Peter Drucker Way*）作者

靠著專家的分析和感性的同情心，洛麗．達絲卡引人入勝地揭露了領導者在發揮真正的潛能時所面臨的心理「鴻溝」。我鮮少看到別的書對成為領導者的人性面是這麼深思、務實，以及有同理心。

——安迪．莫林斯基博士（Andy Molinsky, PhD），《全球技能》（*Global Dexterity*）和《走出去》（*Reach*）作者

我超愛拜讀洛麗的領導見解。她啟發了我，成為一個更好的人，她的著作則給了我有效的工具來讓我在所領導的團隊裡啟發行動。

——亞當．克里克（Adam Kreek），奧運金牌得主暨 KreekSpeak 創辦人

讀了本書之後，就沒辦法一走了之而毫無改變。洛麗．達絲卡精彩地把她與世界領導者共事的經驗精煉成了充滿智慧又可立即落實的著作。

——史基普．普理查德（Skip Prichard），線上圖書館電腦中心（OCLC）執行長，《錯誤之書》（*The Book of Mistakes*）作者，以及 www.skipprichard.com 上的 Leadership Insights 部落客

傑出的領導是從自知開始。洛麗．達絲卡提供了強而有力的新架構來了解自己，並展現成為自己想成為的領導者和理想中的自己。

——多利．克拉克（Dorie Clark），杜克大學（Duke University）福庫商學院（Fuqua School of Business）客座教授，《自我改造》（*Reinventing You*）和《脫穎而出》（*Stand Out*）作者

洛麗．達絲卡針對七種領導原型，帶我們走上了獨特與見解不凡的旅程，並向我們說明了何以有的領導者影響深遠，有的卻一敗塗地。本書是增進自我覺察的強而有力工具，還能提高身為領導者的影響力。

——賈姬．傅萊伯（Jackie Freiberg），《成因！》（*CAUSE!*）共同作者

本書有說服力地說明了人類內心會發生的摩擦，因為我們各自的內在都有互斥的兩面，但只有一面會通往傑出。無論是反骨者還是探索家，吐實者還是英雄，發明家、領航

員還是騎士，任何人只要嚮往成為更真切與全面的領導者，本書就是寶貴的資源。

——羅勃・羅薩里斯（Robert Rosales），正面心理學式領導發展諮詢公司領導學院（Lead Academy）創辦人

洋溢著聰明的經驗和坦率，達絲卡的著作將有助於任何領導者來到下一個境界，也包括各位在內。

——戴蒙・布朗（Damon Brown），《微創業家》（*The Bite-Sized Entrepreneur*）作者

從頭到尾都精彩絕倫，本書拉開了董事會議室的布幕來分享主管教練在幕後指點世界級領導者的驚人見解。

——珍・藍森（Jane Ransom），國際演說家，成功原則（Success Principles）培訓師，《自我智力》（*Self-Intelligence*）作者

原文注

導言

1 Joseph Campbell, *Reflections on the Art of Living* (Harper Perennial, 1995).

2 專訪喬瑟夫・坎伯，引自 https://mappalicious .com/2014/04/02/bibliophilia-how-reading-and-writing-can-save-our-soul/

第一章：驚人的領導力鴻溝

1 Vickor Frankl, *Man's Search for Meaning* (Pocket Books, 1997), p. 86.

2 Alex Pattakos, *Prisoners of Our Thoughts: Viktor Frankl's Principles for Discovering Meaning in Life and Work, 2nd Ed* (Berrett-Koehler, 2010).

第二章：反骨者

1 Barbara Arneil, "Gender, Diversity, and Organizational Change: The Boy Scouts vs. Girl Scouts of America," *Perspectives on Politics*, March 2010, pp. 53–68.

2 Sally Helgesen, "Frances Hesselbein's Merit Badge in Leadership," *strategy+ business*, May 11, 2015.
3 Jim Collins, foreword for *Hesselbein on Leadership* (Jossey-Bass, 2002).
4 個人專訪 Peter Economy, May 2005.
5 Collins, foreword for *Hesselbein on Leadership*.
6 Sally Helgesen, "Frances Hesselbein's Merit Badge in Leadership."
7 Arneil, "Gender, Diversity, and Organizational Change."
8 Tomas Chamorro-Premuzic, PhD, *Confidence: How Much You Really Need and How to Get It* (Hudson Street Press, 2013), p. 1.

第三章：探索家

1 www.cleanclothes.org/ranaplaza/who-needs-to-pay-up
2 www.globallabourrights.org/alerts/rana-plaza-bangladesh-anniversary-a-look-back-and-forward
3 www.theguardian.com/world/2013/apr/26/bangladesh-building-official-response-fury
4 www.huffingtonpost.com/shannon-whitehead/5-truths-the-fast-fashion_b_5690575.html
5 www.dailymail.co.uk/home/you/article-2585166/Safia-Minney-founder-fair-trade-label-People-Tree-shares-treasures.html
6 www.theguardian.com/lifeandstyle/2010/jun/13/shahesta-shaitly-five-things-know-about-style-safia-minney-people-tree
7 http://www.peopletree.co.uk/about-us
8 Mary Goulet, *Go with Your Gut: How to Make Decisions You Can Trust* (Mary Goulet Media, 2011).

9 Granville Toogood, *The Creative Executive: How Business Leaders Innovate by Stimulating Passion, Intuition, and Creativity to Develop Fresh Ideas* (Adams Media Corporation, 2000), p. 57.

10 Gary Klein, *Sources of Power: How People Make Decisions* (The MIT Press, 1999), p. 34.

11 Ron Nelson, "How to Be a Manager," *Success*, July– August 1985, p. 69.

12 Stephen Harper, "Intuition: What Separates Executives from Managers," *Business Horizons* 31, no. 5, p. 15.

第四章：吐實者

1 www.azcentral.com/story/money/business/super-bowl/2015/01/30/nfls-financial-success-draws-scrutiny-controversy/22585761/

2 www.azcentral.com/story/money/business/super-bowl/2015/01/30/nfls-financial-success-draws-scrutiny-controversy/22585761/

3 www.slate.com/articles/sports/sports_nut/2015/12/the_truth_about_will_smith_s_concussion_and_bennet_omalu.html

4 Jeanne Marie Laskas, "Game Brain," *GQ*, September 14, 2009.

5 Les Carpenter, " 'Brain Chaser' Tackles Effects of NFL Hits," *The Washington Post*, April 25, 2007.

6 http://www.pbs.org/wgbh/frontline/article/the-autopsy-that-changed-football/

7 http://www.pbs.org/wgbh/frontline/film/league-of-denial/transcript/

8 Laskas, "Game Brain."

9 同上。

10 http://onlyagame.wbur.org/2015/12/19/concussion-football-omalu-movie

11 Laskas, “Game Brain.”
12 www.nfl.com/news/story/0ap1000000235501/article/nfl-retired-players-agree-to-concussion-lawsuit-settlement
13 www.cbsnews.com/news/concussion-movie-doctors-speak-out-nfl-cte/
14 http://mentalfloss.com/article/30609/60-people-cant-go-10-minutes-without-lying
15 http://usatoday30.usatoday.com/news/health/story/2012-08-04/honesty-beneficial-to-health/56782648/1

第五章：英雄

1 http://www.pbs.org/wgbh/americanexperience/features/transcript/henryford-transcript/
2 同上。
3 同上。
4 www.telegraph.co.uk/news/science/science-news/7850263/Scientists-discover-secret-of-courage.html
5 www.forbes.com/sites/danschawbel/2013/04/21/brene-brown-how-vulnerability-can-make-our-lives-better/2/
6 http://greatergood.berkeley.edu/article/item/what_makes_a_hero
7 https://alumni.stanford.edu/get/page/magazine/article/? article_id= 40741
8 www.bbcprisonstudy.org/faq.php? p= 84
9 https://alumni.stanford.edu/get/page/magazine/article/? article_id= 40741
10 www.know-bull.com/Key% 20Findings-Extent% 20and% 20Effects% 20of% 20Workplace% 20Bullying,% 202010% 20% 5B2% 20pages% 5D.pdf

第六章：發明家

1 www.cbsnews.com/news/a-master-sushi-chef
2 www.imdb.com/title/tt1772925/quotes
3 www.newyorker.com/culture/culture-desk/perfect-sushi
4 www.goodreads.com/quotes/33952-if-you-have-integrity-nothing-else-matters-if-you-don-t

第七章：領航員

1 www.themorningsidepost.com/2009/10/27/the-little-girl-from-queens-that-could-a-profile-of-professor-ester-fuchs/
2 http://observer.com/2006/02/put-up-your-fuchs-professor-is-mayors-left-hemisphere/
3 洛麗・達絲卡：個人專訪艾絲特・富克斯，July 2015.
4 www.nytimes.com/2011/04/22/nyregion/hindus-find-a-ganges-in-queens-to-park-rangers-dismay.html?_r= 0
5 www.oxforddictionaries.com/us/definition/american_english/trust
6 www.nature.com/nature/journal/v435/n7042/full/nature03701.html
7 www.ted.com/talks/paul_zak_trust_morality_and_oxytocin/transcript? language= en
8 同上。
9 www.ted.com/talks/charles_hazlewood/transcript? language=en
10 同上。
11 同上。
12 www.greatplacetowork.com/list-calendar/fortune-100-best-companies-to-work-for

第八章：騎士

1 www.americanexpress.com/us/small-business/openforum/articles/daniel-lubetzky-kind-healthy-snacks
2 洛麗・達絲卡：個人專訪丹尼爾・盧貝斯基, December 2015.
3 www.americanexpress.com/us.small-business/openforum/articles/daniel-lubetzky-kind-healthy-snacks
4 https://www.kindsnacks.com/blog/post/a-letter-to-our-fanskind-and-nutrition-policy-sparking-a-healthy-discussion/
5 洛麗・達絲卡：個人專訪丹尼爾・盧貝斯基, December 2015.
6 www.wsj.com/articles/fda-seeks-to-redefine-healthy-1462872601
7. 洛麗・達絲卡：個人專訪丹尼爾・盧貝斯基。
8. 同上。
9 www.jameskane.com/writing/2015/12/1/the-loyalty-to-trump
10 同上。
11 http://www.careerbuilder.com/share/aboutus/pressreleasesdetail .aspx?sd=12%2f29%2f2016&siteid=cbpr&sc_cmp1=cb_pr982_&id=pr982&ed=12%2f31%2f2016
12 http://www.strategictalentmgmt.com/retention/
13 https://www.swamedia.com/pages/corporate-fact-sheet

第九章：有光明的地方，永遠有傑出的希望

1 www.latimes.com/business/la-fi-himi-stone-20140525-story.html
2. 同上。

3. 洛麗・達絲卡：個人專訪羅伯特・史東，April 2015.

4. 同上。

國家圖書館出版品預行編目 (CIP) 資料

領導者的七種原型：克服弱點、強化優點，重新認識自己，跨越領導力鴻溝！/ 洛麗．達絲卡 (Lolly Daskal) 著；戴至中譯．
-- 二版．-- 臺北市：經濟新潮社出版：英屬蓋曼群島商家庭傳媒股份有限公司城邦分公司發行，2022.09
面；　公分．--（經營管理；160）
譯自 :The Leadership Gap: What Gets Between You and Your Greatness
ISBN 9786269615391（平裝）

1.CST: 領導者 2.CST: 職場成功法

494.21　　111012609